中国通信学会普及与教育工作委员会推荐教材

 21世纪高职高专电子信息类规划教材
21 Shiji Gaozhi Gaozhuan Dianzi Xinxilei Guihua Jiaocai

PTN技术

杨一荔 主编

李慧敏 文化 编

U0339478

Electronic

Information

人民邮电出版社

北 京

图书在版编目（CIP）数据

PTN技术 / 杨一荔 主编；李慧敏，文化编. -- 北京：人民邮电出版社，2014.9（2021.12重印）

21世纪高职高专电子信息类规划教材

ISBN 978-7-115-35386-3

Ⅰ. ①P… Ⅱ. ①杨… ②李… ③文… Ⅲ. ①通信交换—通信网—高等职业教育—教材 Ⅳ. ①TN915.05

中国版本图书馆CIP数据核字(2014)第174067号

内 容 提 要

全书共分 4 章，第 1 章主要介绍分组传送网（PTN）的发展背景、技术特点、体系结构和 PTN 关键技术；第 2 章主要介绍华为和中兴公司的 PTN 设备硬件结构、单板功能和技术参数。第 3 章主要介绍 PTN 网络的组网应用与建设、PTN 的网络规划原则与 PTN 网络的配置管理；第 4 章主要介绍 PTN 的网络管理维护机制和规范、PTN 的日常维护要求、PTN 故障处理流程与方法、典型故障案例分析和 PTN 质量管理项目。

本书适合通信及信息类专业在校专科学生作为教材，也可以为相关工程技术人员提供技术参考。

◆ 主　编　杨一荔

　　编　　李慧敏　文化

　　责任编辑　滑　玉

　　责任印制　彭志环　杨林杰

◆ 人民邮电出版社出版发行　　北京市丰台区成寿寺路 11 号

　　邮编 100164　电子邮件 315@ptpress.com.cn

　　网址 http://www.ptpress.com.cn

　　北京七彩京通数码快印有限公司印刷

◆ 开本：787×1092　1/16

　　印张：8.25　　　　　　　　2014 年 9 月第 1 版

　　字数：203 千字　　　　　　2021 年 12 月北京第 9 次印刷

定价：26.00 元

读者服务热线：(010)81055256　印装质量热线：(010)81055316
反盗版热线：(010)81055315

前　言

随着移动通信产业的高速发展，以及面向 3G 和 LTE 的传送承载技术的发展和大规模用于基站回传的传输网络的建设需求出现，运营商现有的以 SDH/MSTP 或者以太网交换机、路由器组成的城域网已经难以适应业务承载和降低运营成本的要求，从而，促使分组传送网（PTN）得到巨大发展。从 2010 年开始，中国移动开始组建 PTN 网络，PTN 技术已进入大规模部署和实际应用阶段。

本书是根据教育部对高等职业技术学院的培养目标要求，由四川邮电职业技术学院移动通信系教师编写而成。教材编写的原则是：以应用为目的；以必须够用为度；以掌握概念、强化应用为重点；不盲目追求基础理论的系统性和完整性。本书紧密结合通信行业新技术发展和通信企业运营需求，具有较强的实用性和针对性。本着以必须够用为度的原则，强调学生对基本原理和基本结构的掌握，淡化对技术的分析和原理的推导，着重培养学生的实践动手能力。

全书共分 4 章，参考学时为 48 学时。

第 1 章——认识 PTN 网络：主要介绍 PTN 的发展背景、技术特点、体系结构和 PTN 关键技术。

第 2 章——认识 PTN 典型设备：主要介绍华为和中兴公司的 PTN 设备硬件结构、单板功能和技术参数。

第 3 章——PTN 网络规划与配置：主要介绍 PTN 网络的组网应用与建设、PTN 的网络规划原则与 PTN 网络的配置管理。

第 4 章——PTN 的网络管理与运维：主要介绍 PTN 的网络管理维护机制和规范、PTN 的日常维护要求、PTN 故障处理流程与方法、典型故障案例分析和 PTN 质量管理项目。

由于分组传送技术是在近 5 年内才发展起来的，涉及 IP 网络、以太网、传送网、无线网等众多技术领域，很多技术还处在研究之中，有的还有待于标准化和技术进步，因此本书主要基于现有的技术和实践经验进行编写。

由于编者水平有限，书中难免存在不足之处，敬请广大读者批评指正。

编　者

目　录

第1章　认识 PTN 网络 ··············1

1.1　认识 PTN 技术 ··············1

1.1.1　PTN 技术概述 ··············1

1.1.2　PTN 技术发展的驱动力 ····2

1.1.3　传送承载网技术 ············3

1.1.4　PTN 原理与体系结构 ······12

1.2　PTN 关键技术应用 ··········18

1.2.1　伪线仿真技术 ············18

1.2.2　运行管理维护技术 ········22

1.2.3　PTN 的保护技术 ··········25

1.2.4　QoS 技术 ················28

1.2.5　同步技术 ················31

习题 ··························34

第2章　认识 PTN 典型设备 ·········35

2.1　认识华为 PTN 设备 ·········35

2.1.1　华为 PTN 设备在网络中的
地位与应用 ············35

2.1.2　OptiX PTN 硬件系统
架构 ··················36

2.1.3　设备的机柜、子架 ········37

2.1.4　华为 PTN 设备典型单板
介绍 ··················41

2.1.5　设备级保护 ············52

2.2　认识中兴典型设备 ··········53

2.2.1　常用设备 ZXCTN6110
硬件介绍 ··············53

2.2.2　常用设备 ZXCTN6200
介绍 ··················55

2.2.3　ZXCTN6300 设备介绍 ···64

习题 ··························65

第3章　PTN 网络规划与配置 ········66

3.1　PTN 网络应用与建设 ·········66

3.1.1　PTN 组网应用 ············66

3.1.2　PTN 网络的业务定位 ······67

3.1.3　PTN 建网思路 ············69

3.2　PTN 网络规划 ··············70

3.2.1　PTN 网络设计原则 ········70

3.2.2　PTN 的业务流量规划 ·····71

3.2.3　网络资源规划 ············75

3.2.4　PTN 的网管与 DCN
规划 ··················77

3.2.5　可靠性规划设计 ··········79

3.2.6　网络 QoS 规划设计 ······82

3.2.7　网络时钟规划设计 ······84

3.3　PTN 网络管理配置 ··········85

3.3.1　PTN 网络配置流程 ········85

3.3.2　PTN 网络数据配置
规范 ··················91

习题 ··························95

第4章　PTN 的网络管理与运维 ·····96

4.1　PTN 网络的运维管理机制 ·······96

4.2　PTN 网络的运维管理规范 ·····98

4.2.1　PTN 网络维护组织架构及
职责分配 ··············99

4.2.2　PTN 与其他专业的
职责划分 ··············100

4.3　PTN 例行维护 ··············100

4.3.1　例行维护的原则 ········100

4.3.2　PTN 机房具体维护项目与
维护周期 ··············101

4.4　PTN 故障处理 ··············102

4.4.1　故障分类 ··············102

4.4.2　故障处理中的职责
划分 ··················103

4.4.3　故障定位的原则 ········103

4.4.4　故障处理的基本流程 ·····103

4.4.5 故障分析和定位方法 ····· 105

4.4.6 业务恢复 ············ 110

4.4.7 业务中断故障的应急
处理 ············· 111

4.5 典型 PTN 故障案例分析 ····· 112

4.5.1 DCN 通信失败案例 ······· 112

4.5.2 与网管操作失败相关的
案例 ············· 116

4.5.3 设备对接失败 ········ 116

4.5.4 业务中断 ············· 117

4.5.5 业务丢包误码 ········· 118

4.5.6 告警无法清除 ········· 120

4.6 PTN 网络质量管理········· 120

习题 ········· 122

缩略词 ···························· 123

参考文献 ························ 126

第 1 章

认识 PTN 网络

本章主要介绍 PTN 的基本技术原理。通过本章的学习，读者应该掌握以下内容。

- 了解 PTN 技术的定义、特点和主要应用环境。
- 了解 OTN、MSTP、MPLS 的基本原理以及在传输承载网中的应用。
- 了解 PTN 主要技术标准。
- 理解 PTN 的技术体系结构。
- 掌握 PTN 的 PWE3 技术原理。
- 掌握 PTN 的网络保护方式。
- 掌握 PTN 的 OAM 报文帧结构与常用 OAM 报文的作用。
- 掌握 PTN 的 QoS 技术实施环节以及流量控制的原理。
- 掌握 PTN 的同步技术原理。

1.1 认识 PTN 技术

1.1.1 PTN 技术概述

分组传送网（Packet Transport Network，PTN）是中国移动应用在城域网中的分组城域传送网，它向上与移动通信系统的基站控制器（Base Station Controller，BSC）或无线网络控制器（Radio Network Controller，RNC）、城域数据网业务接入控制层的全业务路由器（Service Router，SR）/宽带远程接入服务器（Broadband Remote Access Server，BRAS）相连，向下与基站、各类客户相连，主要为各类移动通信网络提供无线业务的回传与调度服务，也可以为重要集团客户提供虚拟专用网（Virtual Private Network，VPN）、固定宽带等业务的传送与接入服务，还能为普通集团客户与家庭客户提供各类业务的汇聚与传送。

PTN 是结合网间互联协议（Internet Protocol，IP）/多协议标记交换（multi-protocol label switching，MPLS）和光传送网技术的优点而形成的新型传送网技术。从功能层次上看，PTN 是针对分组业务流量的突发性和统计复用传送的要求，在 IP 业务和底层光传输媒质之间设计一个层面，既继承 IP/MPLS 技术的以分组业务为核心并支持多业务提供，具有更低的总体使用成本（Total Cost of Ownership，TCO）的优势，又保留了光传送网具有的高效的带宽管理机制和流量工程、强大的网络管理和网络保护能力等传统优势。

PTN 支持多种基于分组交换业务的双向点对点连接通道，具有以下优点：（1）适合各种粗细颗粒业务、端到端的组网能力，提供了更加适合于 IP 业务特性的"柔性"传输管道；

（2）具备丰富的保护方式，遇到网络故障时能够实现基于 50ms 的电信级业务保护倒换，实现传输级别的业务保护和恢复；（3）继承了 SDH 技术的 OAM，具有点对点连接的完美 OAM 体系，保证网络具备保护切换、错误检测和通道监控能力；（4）完成了与 IP/MPLS 多种方式的互连互通，以及无缝承载核心 IP 业务；（5）网管系统可以控制连接信道的建立和设置，实现了业务服务质量（Quality of Service，QoS）的区分和保证，灵活提供服务等级协议（Service Level Agreement，SLA）等。另外，它可利用各种底层传输通道（如 SDH/Ethernet/OTN）。总之，它具有完善的 OAM 机制，精确的故障定位和严格的业务隔离功能，最大限度地管理和利用光纤资源，保证了业务安全性，在结合通用多协议标记交换（Generalized Multi-Protocol Label Switch，GMPLS）技术后，可实现资源的自动配置及网状网的高生存性。

1.1.2　PTN 技术发展的驱动力

一、3G 建设和 IP 化改造激发分组化传送的需求

当前所有的 3G 网络都是为移动多媒体通信设计的，为用户提供了方便的语音与丰富的数据业务，也对网络容量和性能有更高的要求。其中移动网的 IP 化成为重要的发展趋势，这种 IP 化一方面体现在传送的主导业务类型以 IP 业务为主，另一方面体现在网络的扁平化和分布化，有助于优化运营商移动网络的构架，提升网络容量，节省成本，提高运营商的网络竞争力。

二、3G 网络向 LTE 演进的分组化传送需求

3G 网络向长期演进技术（Long Term Evolution，LTE）演进的目标是使 3G 无线接入技术向高数据速率、低时延和优化分组数据应用方向演进。从 3G 到 LTE 的演进过程就是一个功能简化和重新分配的过程。一方面通过 IP 化、扁平化、简单化手段降低运营成本（Operational Expenses，OPEX）和初期拥有（建设）成本（Capital Expense，CAPEX）；另一方面通过简化网络结构，降低时延来提高用户体验。4G/LTE 对移动互联网带宽能力的巨大需求成为运营商骨干网带宽增长到 40Gbit/s 的根本驱动力。LTE 高质量的业务承载对传送网的需求中主要有：多业务承载支持 2G/3G/LTE 共存；深度覆盖、高带宽、低 OPEX；全分布式基于连接的 IP 技术，低时延的转发能力保障业务体验，流量工程（Traffic Engineering，TE）+QoS 能力保障基站不掉线，统一维护和 IP 可视化网管保障平滑演进。

三、全业务和三网融合对分组化传送的需求

我国电信行业重组，三家运营商同时迈入全业务运营时代，这使得运营商面临诸多挑战。全业务市场竞争将迅速拉升无线宽带和有线宽带的速率需求等级，导致带宽需求呈爆炸式增长，语音流量和数据流量的天平迅速倾斜，且新增流量的突发性强、峰均比高。但随着无线接入带宽的提高，单站覆盖范围显著减小、末端基站数量膨胀，这就要求深度覆盖、大带宽容量的城域网进行支撑。从而对城域网的发展提出了新的挑战。

随着传统电信业务 IP 化的发展，且新型业务也建立在 IP 基础上，特别是移动技术从 2G、3G 到 LTE 的演进，使运营商对承载网提出了较高的要求。另一方面，如何构建一个统

一融合、低 TCO、满足不同制式各种业务的传送需求、具有面向未来演进能力的承载网，就成为当前运营商关注的重点。传统基于电路交换的传送网以刚性管道为特点，不能很好地满足 IP 业务的带宽突发性、高峰均值比等特点；而目前的 IP 网缺乏内置的可扩展性，网络可靠性和可用性差，服务质量（Quality of Service，QoS）差异也无法体现，不能满足运营级组网的基本要求。故采用传送网和 IP 网相互协作，发挥各自优势，融合形成更广泛意义上的基础承载网是必然的发展趋势。

因此，在电信业务 IP 化趋势、移动固定聚合以及三网融合趋势的推动下，传送网承载的业务从以时分复用（Time Division Multiplexing，TDM）为主向以 IP 为主演进，3G/LTE 带宽需求急剧膨胀，网络扩容和新建压力显现，从而形成巨大的分组传送需求，PTN 技术就是未来的市场需要的一种能够有效传送分组业务，并能提供电信级网络保护、网管和安全保护的分组传送技术。将 PTN 技术引入传送网，能够巧妙地协调 IP 网和传送网的同步发展，使传送网向着具有标准化的业务、可扩展性、业务管理、可靠性和体现差异化服务质量特性的可提供运营级以太网业务应用的方向发展。传送网核心层在未来一段时间内主要承载汇聚后的大粒度流量，以光传送网/可配置的光分插复用器（Optical Transport Network/Reconfigurable Optical Add-Drop Multiplexer，OTN/ROADM）为主，而 PTN 主要用于解决接入/汇聚层的传送问题，所以 PTN 技术主要应用于城域网的汇聚/接入层。未来的传送网构架如图 1-1 所示。

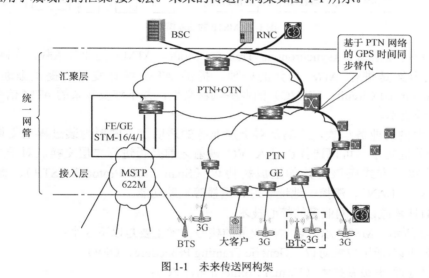

图 1-1　未来传送网构架

1.1.3　传送承载网技术

一、多业务传送平台

1. 多业务传送平台的定义

多业务传送平台（Multi-Service Transport Platform，MSTP）技术是指基于 SDH 平台，同时实现 TDM、ATM、以太网等业务的接入、处理和传送，提供统一网管的多业务传送平台。MSTP 充分利用 SDH 技术，特别是保护恢复能力和确保的延时性能，加以改造后适应多业务应用，支持数据传输，简化了电路指配，加快了业务提供速度，改进了网络的扩展

性，节省了运营维护成本。在 PTN 技术应用以前，MSTP 技术是我国各大运营商采用的主要传输承载网技术。

2．MSTP 的功能结构

MSTP 的功能模型如图 1-2 所示。一方面，MSTP 保留了固有的 TDM 交叉能力和传统的 SDH/PDH 业务接口，继续满足语音业务的需求；另一方面，MSTP 提供 ATM 处理、Ethernet 透传以及 Ethernet 二层交换功能来满足数据业务的汇聚、梳理和整合的需要。对于非 SDH 业务，MSTP 技术先将其映射到 SDH 的虚容器 VC，使其变成适合于 SDH 传输的业务颗粒，然后与其他的 SDH 业务在 VC 级别上进行交叉连接整合后，一起在 SDH 网络上进行传输。

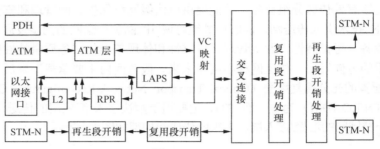

图 1-2　MSTP 的功能模型

对于异步传输模式（Asynchronous Transfer Mode，ATM）的业务承载，在映射 VC 之前，普遍的方案是进行 ATM 信元的处理，提供 ATM 统计复用，提供虚通道/虚电路（Virtual Path/Virtual Circuit，VP/VC）的业务颗粒交换，并不涉及复杂的 ATM 信令交换，这样有利于降低成本。

对于以太网的业务承载，应满足对上层业务的透明性，映射封装过程应支持带宽可配置。在这个前提之下，可以选择在进入 VC 映射之前是否进行二层交换。对于二层交换功能，良好的实现方式应该支持如生成树协议（Span Tree Protocol，STP）、虚拟局域网（Virtual LAN，VLAN）、流控、地址学习、组播等辅助功能。

3．MSTP 承载以太网业务的核心技术

如图 1-3 所示，MSTP 承载以太网业务的核心技术主要是以下 3 个：

- 封装协议-通用成帧协议（Generic Framing Procedure，GFP）；
- 映射处理-虚级联技术（Virtual Connection，VC）；
- 链路带宽动态调整（Link Capacity Adjustment Scheme，LCAS）技术。

（1）通用成帧协议

目前主要有三种链路层适配协议可以完成以太网数据业务的封装，即点到点协议（PPP）、链路接入 SDH 规程（LAPS）与通用成帧协议（GFP）。

ITU-T G.7041 建议，GFP 的目的是提供以太网数据的统一封装，即提供了一种把不同上层协议里的可变长度负载映射到同步物理传输网络的方法。业务数据可以是协议数据单元（如以太网数据帧），也可以是数据编码块（如 GE 用户信号）。

GFP 的帧结构如图 1-4 所示，包含核心帧头和净负荷两大部分，以太网业务数据装载在其净荷区内。

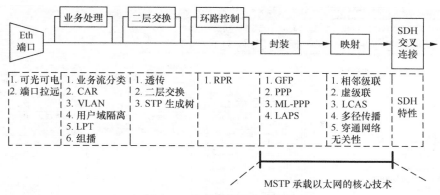

图 1-3　MSTP 承载以太网业务的核心技术

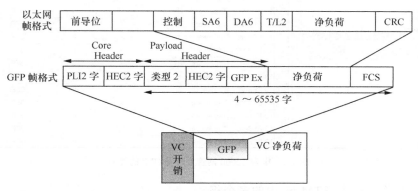

图 1-4　GFP 帧结构示意图

其中，核心帧头包括两部分，即净负荷长度（PLI）和核心帧头（HEC）。

PLI（2byte）：用于指示净负荷的长度。当 PLI=0～3 时，该帧为控制帧，控制帧包括空闲帧和管理帧，空闲帧用于在源端进行 GFP 字节流和传输层速率的适配，管理帧用于承载与用户信号相关的 OAM 信息；当 PLI=4～65535 时，该帧为用户帧，用户帧包括用户数据帧和用户管理帧，用户数据帧用于承载用户数据信号，用户管理帧用于承载与用户信号相关的管理信息。

核心帧头（HEC）（2byte）：核心帧头差错校验码，对核心帧头进行 CRC-16 校验。

净负荷包括三部分：净负荷头、净负荷和净负荷校验序列（FCS）。

净负荷头（4～64byte）主要用于区分不同的帧类型和净负荷类型，以及净荷头的扩展校验。

净负荷（0～65535byte）：用于承载净负荷信息。

FCS（4byte）：以帧校验方式进行净负荷 CRC-32 校验。

GFP 配置在传输网管中，属于以太网接口属性，如图 1-5 所示，即为在华为 T2000 网管上配置 GFP 的界面。

（2）虚级联技术

级联技术就是把多个小的虚容器，如 VC-12（2M），级联起来组装成虚容器组，以克服 SDH 速率等级太少的缺点，分为连续级联和虚级联两种。如图 1-6 所示。

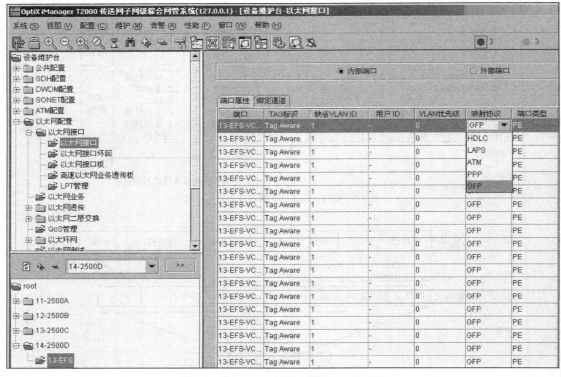

图 1-5　华为 T2000 网管上配置 GFP 的界面

连续级联是将同一个 STM-N 中的多个相邻 VC 进行合并，并只保留第一个 VC 的 POH 开销字节，因此连续级联实现简单，传输效率高；且端到端只有一条路径，业务无时延；但是要求整个传输网络都支持相邻级联，原有的网络设备可能不支持，业务不能穿通。

VC 虚级联：ITU-T G.707/2000，其目的是为以太网业务传送提供合适的带宽，就是将分布在同一个 STM-N 中不相邻的多个 VC 或不同 STM-N 中的 x 个 VC（可同一路由也可

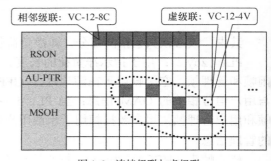

图 1-6　连续级联与虚级联

不同路由）用字节间插复用方式级联成一个虚拟结构的虚容器组 VCG 进行传送，也就是把连续的带宽分散在几个独立的 VC 中，到达接收端再将这些 VC 合并在一起。虚级联写为 VC4-xv、VC12-xv 等，其中 x 为 VCG 中的 VC 个数，v 代表"虚"级联。

与相邻级联不同的是，在虚级联时，每个 VC 都保留自己的通道开销（POH）。虚级联利用 POH 中的 H4（VC3/VC4 级联）或 K4（VC12 级联）指示该 VC 在 VCG 中的序列号。因此，虚级联应用灵活、效率高，只要收、发两端设备支持即可，与中间的传送网络无关，可实现多径传输，但不同路径传送的业务有一定时延。

表 1-1 中对比了采用虚级联技术与未采用虚级联技术时 VC 的带宽利用率，明显可以看出，采用虚级联技术可以有效提高网络带宽利用率。

表 1-1 采用虚级联技术与未采用虚级联技术时 VC 的带宽利用率对比

速率	净荷大小	未采用虚级联时	采用虚级联时
10Mbit/s	VC12：2.175Mbit/s	VC-3 (20%)	VC-12-5v (92%)
100Mbit/s	VC3：48.384Mbit/s	VC-4 (67%)	VC-3-2v (100%) VC-12-46v(100%)
200Mbit/s	VC4：149.760Mbit/s	VC-4-4c (33%)	VC-3-4v (100%)
GE		VC-4-16c (42%)	VC-4-7v (95%)

（3）链路容量调整机制

链路容量调整机制（Link Capacity Adjustment Scheme，LCAS）是一种灵活的、不中断业务地自动调整和同步虚级联组大小，并将有效净荷自动映射到可用的 VC 内，从而实现虚级联带宽动态可调的方法。LCAS 利用虚级联 VC 中某些开销字节传递控制信息，在源端与宿端之间提供一种无损伤、动态调整线路容量的控制机制。高阶 VC 虚级联利用 H4 字节，低阶 VC 虚级联时利用 K4 字节来承载链路控制信息。

虚级联组（Virtual Connection Group，VCG）之中的某个成员出现连接失效时，LCAS 可以自动将失效 VC 从 VCG 中删除，并对其他正常 VC 进行相应调整，保证 VCG 的正常传送，失效 VC 修复后也可以再添加到 VCG 中；二是自动调整 VCG 的容量，即根据实际应用中被映射业务流量大小和所需带宽来调整 VCG 的容量，LCAS 具有一定的流量控制功能，无论是自动删除、添加 VC 还是自动调整 VCG 容量，对承载的业务并不会造成损伤。LCAS 技术是提高 VC 虚级联性能的重要技术，它不但能动态调整带宽容量，而且还提供了一种容错机制，大大增强了 VC 虚级联的健壮性。

（4）MSTP 面临的挑战

MSTP 的出现最初就是为了解决 IP 业务在传送网的承载问题，遗憾的是这种改进不彻底，采用刚性管道承载分组业务，汇聚比受限，统计复用效率不高。在 MSTP 上，因为是静态配置以太网业务，效率和灵活性较差，通过 GFP 技术封装以太网业务数据帧时，以太网承载效率在 80%～90% 左右，且 MSTP 主要支持单一等级业务，不能支持区分 QoS 的多等级业务。

MSTP 面临 3G 时代低成本、高宽带需求的挑战。在大量数据业务的 3G 时代，如果仍然使用 MSTP 硬管道来承载，势必存在带宽需求量大，但是带宽利用率严重低下的问题，会带来巨大的投资成本压力。MSTP 的多业务仅仅能满足网络初期少量数据业务出现时的网络需求，当数据业务进一步扩大时，网络容量、QoS 能力等功能都会受到限制。

二、光传送网

1. 光传送网的定义

光传送网（Optical Transport Network，OTN）指通称光传送网，是以波分复用技术为基础，由一系列光网元经光纤链路互联而成，引入光交叉连接（Optical Cross Connection，OXC），在光层实现组网功能，为客户层信号提供主要在光域上进行传送、复用、选路、监控和生成性处理的功能的传送网。OTN 的一个重要出发点：在子网内全光透明，在子网边界采用光/电/光技术。OTN 将解决传统 WDM 网络无波长/子波长业务调度能力、组网能

力、保护能力弱等问题，现阶段主要用于干线和本地城域网骨干层。

OTN 在包括帧结构、功能模型、网络管理、信息模型、性能要求、物理层接口、开销安排、分层结构等方面，都同 SDH 有相似之处，其主要改进如下。

① SDH 的帧频和帧周期固定为 125μs，不同速率等级的帧字节数不同。而 OTN 不同速率等级，帧字节定长，帧频帧周期不同。

② 引入了规范化的前向纠错（Forward Error Correction，FEC）编码，解决透明信道时光信噪比的恶化问题。

③ 规定了串联连接监控（Tandem Connection Monitor，TCM）功能，一定程度上解决了光通道跨多自治域监控的互操作问题。

④ 类似于 SDH 的 VC 通道，OTN 标准化了大颗粒的光通道 ODUk 等级，业务调度颗粒更大。

SDH、OTN、WDM 间的分层关系如图 1-7 所示。

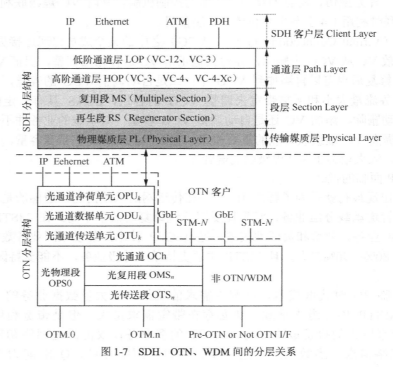

图 1-7　SDH、OTN、WDM 间的分层关系

需要特别注意的是，光传送单元（Optical Channel Transport Unit，OTU）作为光通道（OCh）的客户层才是完整的 OTN，因为不仅仅是净荷映射复用，还有完善的管理和维护。而基于 SDH 的 WDM 不能提供与数字客户层信号无关的对光通道完善的管理和维护。

2．OTN 的分层结构

OTN 技术体制的层次结构及接口如图 1-8 所示。

完整的 OTN 技术体制包含电层和光层，电层主要完成客户信号从 OPU 到 OTU 的逐级适配、复用，最后转换成光信号调制到 OCC 上，光层分为光通道层（OCH）、光复用段层（OMSn）、光传输段层（OTSn）三层，主要完成 OCH 信号的逐级适配、复用。光数据单元

（Optical Data Unit，ODU）和 OCH 层还具有连接功能，实现本层的特征信息在输入输出端口之间的交叉调度。

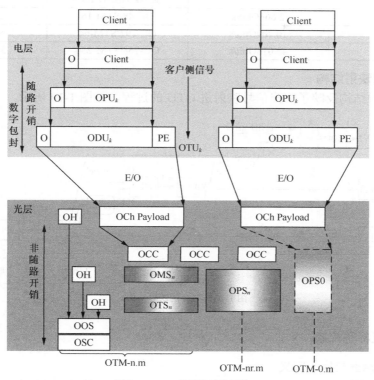

图 1-8　OTN 的层次结构及接口

OTN 的接口类型分为 OTM-*n.m*、OTM-*nr.m*、OTM-0.*m* 三种。

其中：

n 表示最高容量时承载的波数；

m 表示速率，取值范围为 1（OTU1）、2（OTU2）、3（OTU3）、12（OTU1 和 OTU2 混传）、23（OTU2 和 OTU3 混传）、123（OTU1、OTU2、OTU3 混传）；

r 表示该 OTM 去掉了部分功能，这里表示去掉了 OSC 功能；0 表示单波；

OTM-*nr.m* 加上 OSC（光监控信道）信号就变成了 OTM-*n.m*；

OTM-0.*m* 是 OTM-*nr.m* 的一个特例。

3．OTN 的帧结构

OTN 的帧结构如图 1-9 所示。与 SDH 帧结构不同，OTN 帧结构为 4 行 ×4080 列结构，列宽为 8bit，该结构固定不变，但帧长不固定，OTU1 为 48.971μs，OTU2 为 12.191μs，OTU3 为 3.035μs，因此帧速率可变。OTN 和 SDH 的速率如表 1-2 所示。

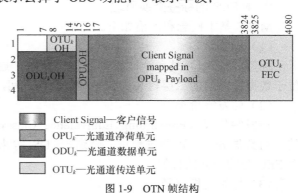

图 1-9　OTN 帧结构

表 1-2   OTN 和 SDH 速率对比

G.709 Interface	Line Rate	Corresponding SONET/SDH Rate	Line Rate
OTU-1	2.666Gbit/s	OC-48/STM-16	2.488Gbit/s
OUT-2	10.709Gbit/s	OC-192/STM-64	9.953Gbit/s
OTU-3	43.018Gbit/s	OC-768/STM-256	39.813Gbit/s

4．OTN 的映射结构

OTN 的映射结构反映了客户信号映射进 OTU 的过程，如图 1-10 所示。

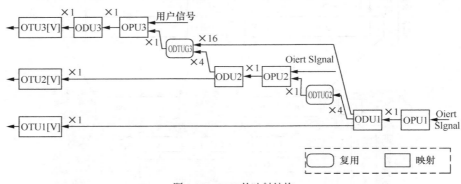

图 1-10　OTN 的映射结构

三、多协议标签交换

1．多协议标签交换的定义

多协议标签交换（Multi-Protocol Label Switching，MPLS）技术是一种介于二层和三层之间的技术（即 2.5 层技术），是将标记转发和三层路由结合在一起的一种标准化路由和交换技术解决方案，如图 1-11 所示。在 MPLS 网络边缘进行三层路由，内部进行二层交换。MPLS 的目的是将 IP 与 ATM 的高速交换技术结合起来，实现 IP 分组的快速转发。其主要特点如下。

① 多协议：可支持任意的网络层协议（如 IPv6、IPX）和链路层协议（如异步传送模式 ATM、帧中继（Frame Relay，FR）、点对点协议（Point to Point Protocol，PPP）等）。

② 标签交换：给报文打上固定长度的标签，以标签取代 IP 转发过程。

2．MPLS 的标签交换原理

MPLS 基本概念和术语如下。

（1）标签

标签（Label）是一个比较短的，定长的，通常只具有局部意义的标识，这些标签通常位于数据链路层的二层封装头和三层数据包之间，标签通过绑定过程同 FEC 相映射。

（2）转发等价类

转发等价类（Forwarding Equivalence Class，FEC）是在转发过程中以等价的方式处理的一组数据分组，可通过地址、隧道、COS 等来标识创建 FEC；通常在一台设备上，对一个 FEC 分配相同的标签。

（3）标签交换路径

一个 FEC 的数据流，在不同的节点被赋予确定的标签，数据转发按照这些标签进行。

数据流所走的路径就是标签交换路径（Label Switching Path，LSP）。

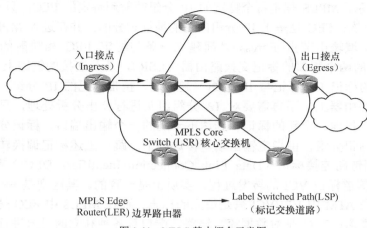

图 1-11　MPLS 基本概念示意图

（4）标签交换路由器

标签交换路由器（Label Switching Router，LSR）是 MPLS 的网络的核心路由器，它提供标签交换和标签分发功能。

（5）边缘标签交换路由器

在 MPLS 的网络边缘，进入到 MPLS 网络的流量由边缘标签交换路由器（Label Switching Edge Router，LER）分为不同的 FEC，并为这些 FEC 请求相应的标签。它提供流量分类和标签的映射、标签的移除功能。MPLS 域外采用传统的 IP 转发，MPLS 域内按照标签交换，无需查找 IP。

3. MPLS 的标签结构

MPLS 的标签结构如图 1-12 所示，标签长度为 32bit，其中：

Label——20bit　MPLS 标签值，0、1、2、3 专用　4～16 保留，标签是在 0～1048575 之间的一个 20bit 的整数，它用于识别某个特定的 FEC；该标记被封装在分组的第二层信头中；标签仅具有本地意义。

Exp——3 bit　试验用

S——1 bit　　栈底标识，S="1" 标识是栈底标签，S="0" 则表示其余标签

TTL——8 bits　有效生命期或寿命

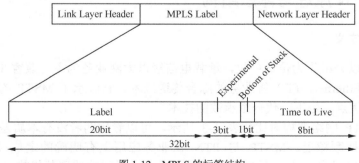

图 1-12　MPLS 的标签结构

4．MPLS 的标签交换过程

如图 1-13 所示，MPLS 规定每个特定的 IP 分组映射到特定的 FEC，只在 IP 分组进入 MPLS 域时分配一次；FEC 是基于 IP 分组的目的地址划分的，并在进入 MPLS 域输入节点 Ingress 到 MPLS 域输出节点 Egress 之间建立一条与特定 FEC 相映射的标记交换路径（LSP）；沿 LSP 的两个相邻的标记交换路由器（LSR），及其连接的链路上，FEC 被编码为一个短而定长的标记 L；标记与 IP 分组一起传送，携带标记的 IP 分组，称标记分组；在后续的每一跳路由器上，不再需要对 IP 分组组头进行读出分析处理，只使用标记分组的标记作为指针，指向一个新的标记和到达下一跳的一个输出端口，标记分组用新标记替代旧标记成为新标记分组，由指定输出端口传送到下一跳。上述标记调换转发过程同帧中继 FR 网中按数据链路连接标识（Data Link Connection Identifier，DLCI）和 ATM 中按虚通路标识 VPI/虚信道标识 VCI 的转发过程，实质上是一致的。其区别是 FR 网中 DLCI 只是链路的标志，在 ATM 中 VPI/VCI 只是信元的标志，而在 MPLS 中 FEC 是远比链路和信元要复杂得多的概念；FEC 是对数据流、链路、端口等各种独立的对象进行集中提升了的抽象概念。MPLS 转发是按标记实现的，因而可以用交换机来进行转发；通常情况下交换机不能直接用来转发 IP 分组，因为交换机不能或不具有合适的速度来读出分析处理 IP 分组的组头。

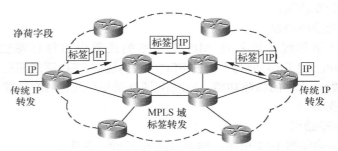

图 1-13　MPLS 的标签交换过程

MPLS 域中，靠近用户并与域外节点互相连接的是边缘节点，即边缘标记交换路由器（ELSR），具有复杂的处理功能，不与域外节点相连的处于网络内部的是内部节点，即内部标记交换路由 ILSR 执行尽可能简单的标记调换转发功能。即 MPLS 域外采用传统的 IP 转发，MPLS 域内按照标签交换，无需查找 IP。

1.1.4　PTN 原理与体系结构

一、PTN 的定义

PTN 是一种以分组作为传送单位，承载电信级以太网业务为主，兼容 TDM、ATM 和快速以太网（Fast Ethernet，FE）等业务的综合传送技术。它继承了 MSTP 的理念，融合了以太网和 MPLS 的优点，是下一代分组承载的技术。

PTN 与 MSTP 网络架构对比如表 1-3 所示，可以看出两者没有本质差别，核心的差别在交换方式和交换颗粒上。MSTP 与 PTN 在业务应用上有明确的定位（效率和成本）：MSTP 定位以 TDM 业务为主，而 PTN 在分组业务占主导时才体现其优势。

表 1-3　　　　　　　　　　　　　　PTN 与 MSTP 网络架构对比

	MSTP 组网	PTN 组网
组网模式	三层组网或二层组网	三层组网或二层组网
速率	骨干层、汇聚层采用 10G、10G/2.5G 组网，接入层采用 622/155M 组网	骨干层、汇聚层采用 10GE 组网，接入层采用 GE 组网
组网	环形、链型、MESH	环形、链型、MESH
保护	复用段保护、通道保护、SNCP 保护	环网 Wrapping/Steering 保护、1+1/1∶1 LSP/线路保护
保护性能	50ms 电信级保护	50ms 电信级保护
升级能力	骨干层面可升级 ASON	可全面升级 ASON

二、PTN 技术的特点

在未来的通信网络中，占统治地位的主导业务是 IP/Ethernet 类业务，面向这种业务传送需求的 PTN 网络以多协议标签交换-传送架构（MPLS - Transport Profile，MPLS-TP）协议为核心，以电信级标准高效传送以太网业务为根本。这种思路设计出的 PTN 网络技术，一方面继承了 MSTP 网络在多业务、高可靠、高质量、可管理和时钟等方面的优势，另一方面又具备了以太网的低成本和统计复用特点。其设计理念如 1-14 图所示。

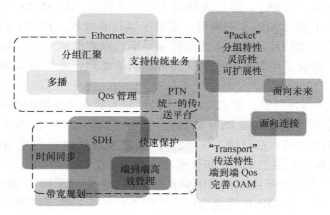

PTN= 分组技术 +SDH 运营经验

图 1-14　PTN 的设计理念

PTN 技术特点如下。

（1）网络 TCO 低。SDH-LIKE 设计思想，组网灵活，充分适应城域组网需求，适应网络演进需求，充分保护原有投资。

（2）面向连接的多业务统一承载，通过 PWE3（伪线）机制支持现有以及未来的分组业务，兼容传统的 TDM、ATM、FR 等业务。

（3）提供端到端的区分服务，智能感知业务，差异化 QoS 服务。

（4）丰富 OAM 和完善的保护机制。基于硬件机制实现层次化的 OAM，不仅解决了传统软件 OAM 因网络扩展性带来的可靠性下降问题，而且提供了延时和丢包率性能在线检测，为面向连接的链型/环型/MESH 等各种网络提供最佳保护方式，硬件方式实现的快速保护倒换，满足电信级<50ms 的要求。

（5）完善的时钟/时间同步解决方案，可以在分组网络上为各种移动制式提供可靠的频率和时间同步信息。

（6）E2E 管理能力，基于面向连接特性提供 E2E 的业务/通道监控管理。

三、PTN 技术选择

目前，只有两种技术在面向连接、可扩展性和可管理性等运营级特性上具有成为 PTN 候选技术的潜力，分别是基于以太网面向连接的包传输技术（Provider Backbone Transport，PBT）和基于 MPLS 面向连接的包传输技术（Transport MPLS/MPLS Transport Profile，T-MPLS/MPLS-TP）。PBT 由北电予以支持，是在 IEEE802.1ahPBB（MAC in MAC）的基础上进行的扩展，目前正在 ITU-T 和 IEEE 进行标准化（IEEE 称其为 PBB-TE（运营商骨干网桥接传输技术））。PBT 的主要特征是关闭了介质访问控制（Media Access Control，MAC）地址学习、广播、生成树协议等传统以太网功能，从而避免广播包的泛滥。PBT 具有面向连接的特征，通过网络管理系统或控制协议进行连接配置，并可以实现快速保护倒换、OAM、QoS、流量工程等电信级传送网络功能。PBT 建立在已有的以太网标准之上，具有较好的兼容性，可以基于现有以太网交换机实现。这使得 PBT 具有以太网所具有的广泛应用和低成本特性。

T-MPLS 是一种基于 MPLS、面向连接的分组传送技术。与 MPLS 不同，T-MPLS 不支持无连接模式，实现上要比 MPLS 更简单，更易于运行和管理。T-MPLS 取消了 MPLS 中与 L3 和 IP 路由相关的功能特性，其设备实现将满足运营商对低成本和大容量的下一代分组网络的需求。T-MPLS 沿袭了现有基于电路交换传送网的思想，采用与其相同的体系架构、管理和运行模式。

T-MPLS 经由阿尔卡特朗讯、爱立信、富士通、华为等众多支持者提议，于 2006 年 2 月由 ITU-T 实现了技术的标准化，是 PTN 的首次尝试。它基于 ITU-TG.805 传输网络结构，由 ITU 完成标准化（G.8110.1，G.8112，G.8121），其主要改进包括通过消除 IP 控制层简化 MPLS 以及增加传输网络需要的 OAM 和管理功能。

相比之下，PBT 着眼于解决以太网的缺点，T-MPLS 着眼于解决 IP/MPLS 的复杂性。它们都为从现有的 SONET/SDH 向完全分组交换网络的转变提供了平滑过渡的方法。从标准化的程度上看，T-MPLS 更成熟，ITU-T 已经完成了大部分标准化工作，PBT 则处于标准发展的早期。

因此，围绕 PTN 的体系构架，目前只有一种协议在面向连接、可扩展性和可管理性等运营级特性上具有成为 PTN 核心技术的潜力。它就是融合 MPLS 和 SDH 传送网电信级特性的面向连接的包传输技术（T-MPLS/MPLS-TP）。该技术最初由 ITU-T 定义为 T-MPLS，后由 IETF/ITU-T JWT 工作组负责标准制定，命名为 MPLS - Transport Profile（MPLS-TP）。MPLS-TP 是 MPLS 的一个子集，它是将数据通信技术同电信网络有效结合的一个技术。它去除了 MPLS 的无连接特性，增加了 SDH Like OAM 和保护。如果用一个算术表达式来表示 MPLS-TP 原理，可以表示成：MPLS-TP = MPLS–IP + OAM + PS（保护倒换）。

四、PTN 的分层结构

按照下一代网络的观点，转型的网络体系构架分为传送层、业务层和控制层，从传送的角度出发，业务层与传送层的分离，实现各网络层的各司其职，可以实现网络更高效地运行，作为服务层的传送网，要更好地传送分组业务。

传送网的通用分层构架一般分为三层：通道层为客户提供端到端的传输网络管道业务，在此通道内的不同业务流线路，例如 LSP，定义为业务信道或电路层。通路层提供公共网络隧道，将一个或多个客户业务汇聚到一个更大的隧道中，以便于传送网实现更经济有效的传送、交换、OAM、保护和恢复。传输媒质层包括段层和物理媒质层，其中段层网络主要保证各通路层在两个节点之间信息传递的完整性，其中物理媒质层是指具体的支持段层网络的传输媒质。

PTN 也将网络分为信道层、通路层和传输媒质层。网络分层结构如图 1-15 所示。其通过 GFP 构架在 OTN、SDH 和 PDH 等物理媒质上。

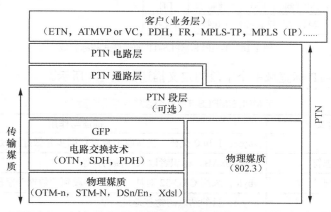

图 1-15　PTN 的分层结构

分组传送网分下述 3 个子层。

（1）分组传送信道层：封装客户信号进虚信道（VC），并传送 VC，提供端到端客户信号传送，即端到端的 OAM、端到端性能监控和端到端的保护。在 T-MPLS 协议中该层被称为 TMC 层。

（2）分组传送通路层：封装和复用虚电路进虚通路，并传送和交换虚通路（VP），提供多个虚电路业务的汇聚和可扩展性（分域、保护、恢复、OAM）。在 T-MPLS 协议中该层被称为 TMP 层。

（3）分组传送网络传输媒介层：包括分组传送段层和物理媒质。段层提供了虚拟段信号的 OAM 功能。在 T-MPLS 协议中该层被称为 TMS 层。

T-MPLS/MPLS-TP 是面向连接的分组传送技术，可以看作是基于 MPLS 标签的管道技术，利用一组 MPLS 标签标识一个端到端转发路径（LSP），T-MPLS/MPLS-TP 采用 20bit 标签，如图 1-16 中 TMP 部分所示。T-MPLS/MPLS-TP 的 LSP 分为两层，内层为 T-MPLS/MPLS-TP 伪线（PW）层，标识业务类型，外层为 T-MPLS/MPLS-TP 隧道

（Tunnel）层，标识业务转发路径。客户信号可以直接映射 T-MPLS/MPLS-TP 的 LSP（如 IP 客户信号），也可以通过诸如伪线仿真方式封装（非 IP 客户信号）实现间接映射。

T-MPLS/MPLS-TP OAM 可以任意扩展和附带，并且数据和 OAM 包都可以扩展一个薄片头部。然后，T-MPLS 映射到可用的链路帧，这些链路帧通过 T-MPLS 拓扑链路传送。

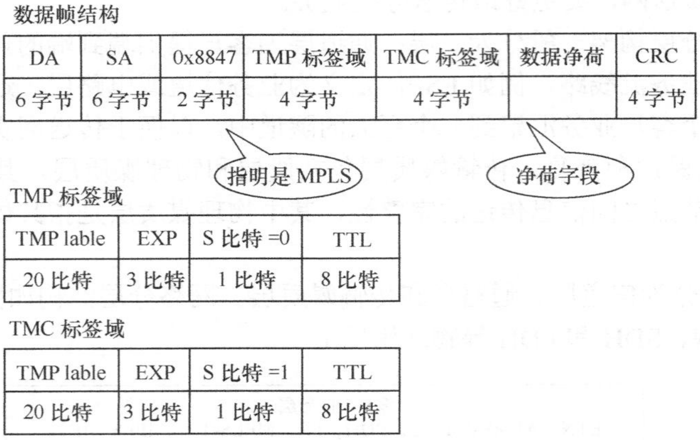

数据帧结构

DA	SA	0x8847	TMP 标签域	TMC 标签域	数据净荷	CRC
6 字节	6 字节	2 字节	4 字节	4 字节		4 字节

指明是 MPLS　　　　　　　　净荷字段

TMP 标签域

TMP lable	EXP	S 比特 =0	TTL
20 比特	3 比特	1 比特	8 比特

TMC 标签域

TMP lable	EXP	S 比特 =1	TTL
20 比特	3 比特	1 比特	8 比特

图 1-16　T-MPLS/MPLS-TP 的帧格式和标签域

T-MPLS/MPLS-TP 标签域中个字段的定义描述如表 1-4 所示。

表 1-4　　　　　　　　　　T-MPLS/MPLS-TP 标签域中个字段的定义

项目	含义	描述与作用
PA	前同步码	7byte，1 和 0 交替，使接收节点进行同步并做好接收数据帧的准备
SFD	帧起始标志符	1byte 0xAB，标识者以太网帧的开始
FCS	帧校验序列	4byte，采用 CRC-32 对从"DA"字段到"数据"字段的数据进行校验
DA	目的地址	6byte，目的站点的物理地址
SA	源地址	6byte，源站点的物理地址
PAD	填充位	当数据段的数据不足 64byte 时用以填充数据段
Type	以太网帧类型	2byte，被各公司分配用于建立系统以及用于遵循国际标准的软件
Label	标签值字段	20bit，用于转发的指针，从 16 开始进行分配
EXP	实验字段	3bit，保留用于实验，现在通常用做 CoS
S	栈底标识	1bit，栈底标识，MPLS 支持的标签分层结构，即多重标签，s 值为 1 时表示为最底层标签
TTL	生存周期	8bit，和 IP 分组中的 TTL 意义相同

T-MPLS/MPLS-TP 中的标签机制，提供了 n 个等级的 T-MPLS 复用能力。在薄片的头部中 20bit 标签标志着在群路（T-MPLS/MPLS-TP 隧道）中的各个 T-MPLS/MPLS-TP 支路。

T-MPLS/MPLS-TP 具有可扩展性和多业务承载能力，TMC 和 TMP 层的统计复用能力使其传送管道成为"柔性"管道，为 IP 化业务提供更高的资源利用率。在 TMC 层打上内层标签，标识类似 SDH 的"低阶电路"，实现对业务的划分，进一步在 TMP 层打上外层标签，标识类似 SDH 的"高阶电路"。T-MPLS/MPLS-TP 标签是局部标签，可以在各节点重复使用。

五、PTN 的功能平面

PTN 可分为三个层面：传送平面、管理平面和控制平面，如图 1-17 所示。

1. 传送平面

PTN 传送平面提供两点间的双向或单向的用户分组信息传送，也可以提供控制和网络管理信息的传送，并提供信息传送过程中的 OAM 和保护恢复功能，即传送平面完成分组信号的传输、复用、配置保护倒换和交叉连接等功能，并确保所传信号的可靠性。传送平面采用分层结构，其数据转发是基于标签进行的，由标签组成端到端的转发路径。

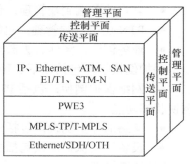

图 1-17　PTN 的三个层面

客户信号通过分组传送标签封装，加上 PTC 标签，形成分组传送信道（Packet Transfer Channel，PTC），多个 PTC 复用成分组传送通道（Packet Transfer Path，PTP），通过 GFP 封装到 SDH、OTN，或封装到以太网物理层进行传送。网络中间节点交换 PTC 或 PTP 标签，建立标签转发路径，客户信号在标签转发路径中进行传送。

2. 管理平面

PTN 采用图形化网管做业务配置和性能告警管理，端到端业务配置和性能告警管理同 SDH 网管使用方法相似，可以沿用原 SDH 设备维护人员，而路由器、交换机采用命令行界面做业务配置和性能告警管理，路由器维护人员一般需要思科网络专家认证 CCIE，技能要求很高，同样的节点数和业务数量，路由器网络需要更多的维护人员。

PTN 管理平面执行传送平面、控制平面以及整个系统的管理功能，同时提供这些平面之间的协同操作。管理平面执行性能管理、故障管理、配置管理、计费管理和安全管理的功能。

① 性能管理

网管系统应能按照指定的性能参数和收集周期进行收集，网管系统应支持性能包括：帧丢失（Packet Loss，PL）、帧丢失率（Packet Loss Ratio，PLR）、误码秒（Error Second，ES）、严重误码秒（Serious Error Second，SES）、不可用秒（Unavailable Seconds，UAS）、单程帧时延、双程帧时延、帧时延变化。

② 故障管理

网管系统应实时采集网元发出的告警信息，并自动更新当前告警列表。网管系统应支持的 PTN 告警有：连续性丢失（LOC）、错误合并、异常 MEP、异常周期、告警指示信号（AIS）、远端缺陷指示（RDI）、客户信号失效（CSF）。

③ 配置管理

配置管理包括指配功能、端到端业务管理、保护倒换管理等。

其中，指配功能包括以下 5 种。

● OAM 使能和指配：提供 PTC、PTP、PTS 等层管理实体组的 OAM 使能和指配功能。

- 业务接口指配：对 UNI、NNI 的接口属性管理。
- 业务指配：提供以太网虚连接业务（EVC）指配功能，包括点对点 E-Line 业务、多点对多点 E-LAN 业务和点对多点 E-Tree 业务，并提供 TDM 业务指配功能。
- 时钟指配
- 保护指配

端到端业务管理包括以下 3 种。

- 客户业务端到端管理：包括以太网业务和 TDM 业务等。
- PTN 层端到端管理：包括 PTC、PTP、PTS 等。
- 业务创建、激活、去激活、修改、查询、删除等功能。

保护倒换管理包括以下 3 种。

- 网络保护倒换：包括 PTN 线性保护和环网保护，网管系统应能查询网络保护的当前倒换状态功能。
- 支路的保护倒换：包括保护闭锁、强制倒换、手工倒换和清除倒换。
- 设备冗余保护倒换包括主控、时钟、交换、支路等单元的冗余保护倒换等。

④ 计费管理

网管系统能够能提供计费所需的原始性能数据供计费软件进行计费。

⑤ 安全管理

网管系统能按系统功能和管理域细分操作权限，并提供用户安全管理和日志管理功能。

3. 控制平面

PTN 控制平面由提供路由和信令等特定功能的一组控制元件组成，并由一个信令网络支撑。控制平面元件之间的互操作性以及元件之间通信需要的信息流可通过接口获得。PTN 控制平面的主要功能包括：通过信令支持建立、拆除和维护端到端连接的能力，通过选路为连接选择合适的路由；网络发生故障时，执行保护和恢复功能；自动发现邻接关系和链路信息，发布链路状态信息以支持连接建立、拆除和恢复。

1.2 PTN 关键技术应用

1.2.1 伪线仿真技术

伪线仿真（Pseudo-Wire Emulation Edge to Edge，PWE3）技术是一种在分组交换网络 PSN 上模拟各种点到点业务的机制，被模拟的业务可以通过 TDM 专线、ATM、FR 或以太网等传输。PWE3 利用分组交换网上的隧道机制模拟一种业务的必要属性，该隧道即被称为伪线（PW），主要在分组网络上构建点到点的以太网虚电路。

PWE3 作为一种端到端的二层业务承载技术，为各种业务（FR，ATM，Ethernet，TDM SONET/SDH）通过分组交换网络传递，在 PSN 网络边界提供了端到端的虚链路仿真。通过此技术可以将传统的网络与分组交换网络互连起来，从而实现资源的共用和网络的拓展。

PWE3 的工作原理如图 1-18 所示，在边缘源节点 PE 采用 PWE3 技术适配客户业务，封装 TMP 标签后复用到输出端口的段层上进行转发。在路径上的转发节点（P）按照 TMP 标签进行包交换，将数据包沿 LSP 路径逐条转发直到输出目的地 PE 节点。在目的节点弹出标签，并通过 PWE3 技术适配还原出客户业务。

一、PWE3 基本传输构件

图 1-18 中的 PWE3 基本传输构件如下。

（1）用户设备（Custom Edge，CE）：发起或终结业务的设备。CE 不能感知正在使用的是仿真业务还是本地业务。

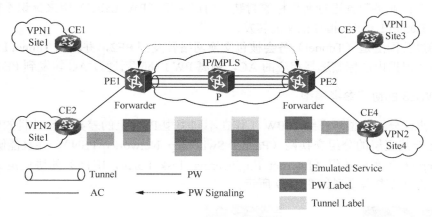

图 1-18　PWE3 工作原理

（2）运营商边界路由器（Provider Edge Router，PE）：向 CE 提供 PWE3 的设备。通常指骨干网上的边缘路由器，与 CE 相连，主要负责 VPN 业务的接入。它完成了报文从私网到公网隧道、从公网隧道到私网的映射与转发。

（3）接入链路（Attachment Circuit，AC）：AC 是 CE 到 PE 之间的连接链路或虚链路。AC 上的所有用户报文一般都要求原封不动地转发到对端去，包括用户的二三层协议报文。

（4）伪线或虚链路（Pseudo Wire，PW）：PW 就是 VC 加隧道，隧道可以是 LSP，L2TPV3，或者是 TE。PWE3 中虚连接的建立是需要通过信令（LDP 或者 RSVP）来传递 VC 信息，将 VC 信息和隧道管理，形成一个 PW。PW 对于 PWE3 系统来说，就像是一条本地 AC 到对端 AC 之间的一条直连通道，完成用户的二层数据透传，也可以简单理解为一条 PW 代表一条业务。

（5）转发器（Forwarder）：PE 收到 AC 上送的数据帧，由转发器选定转发报文使用的 PW，转发器事实上就是 PWE3 的转发表。

（6）隧道（Tunnel）：隧道是一条本地 PE 与对端 PE 之间的直连通道，完成 PE 之间的数据透传，用于承载 PW，一条隧道上可以承载多条 PW，一般情况下为 MPLS 隧道。Tunnel 在 PTN 设备中是单向的，而 PW 是双向的，所以一条 PW 需要两条 MPLS Tunnel 来承载其业务。

（7）封装（Encapsulation）：PW 上传输的报文使用标准的 PW 封装格式和技术，PW 上的 PWE3 报文封装有多种。

（8）PW 信令协议（Pseudowire Signaling）：PW 信令协议是 PWE3 的实现基础，用于创建和维护 PW。目前，PW 信令协议主要有 LDP 和 RSVP。

（9）服务质量 QoS（Service Quality）：根据用户二层报文头的优先级信息，映射成在公

用网络上传输的 QoS 优先级来转发，这个一般需要应用支持 MPLS QoS。

二、PWE3 的工作流程

PWE3 的工作流程如下。

（1）CE2 通过 AC 把需要仿真的业务（TDM/ATM/Ethernet/FR/……）传送到 PE1；

（2）PE1 接收到业务数据后，选择相应的 PW 进行转发；

（3）PE1 把业务数据进行两层标签封装，内层标签（PW Label）用来标识不同的 PW，外层标签（Tunnel Label）指导报文的转发；

（4）通过公网隧道（Tunnel）务会被包交换网络转发到 PE2，并剥离 Tunnel Label；

（5）PE2 根据内层标签选择相应的 AC，剥离 PW Label 后通过 AC 转发到 PE4。

三、PWE3 的协议参考模型

PWE3 协议分层模型意在缩小 PW 工作在不同类型 PSN 上的差异。设计目的就是使 PW 的定义独立于其底层的分组交换网（Packet Switching Network，PSN），并且能够最大程度地重用 Internet 工程任务组（Internet Engineering Task Force，IETF）的协议定义及协议实现。PWE3 的协议参考模型如图 1-19 所示。

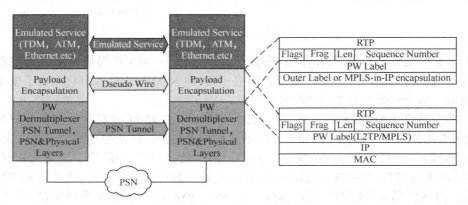

图 1-19　PWE3 协议参考模型

四、PW 的功能

PW 的功能：对信元、PDU、或者特定业务比特流在入端口进行封装；将封装好的业务传递至传输隧道；在隧道端点建立 PW，包括 PW ID 的交换和分配；实现 PW 相关的 QoS；管理 PW 端的信令、定时和顺序等与业务相关的信息；PW 状态及告警管理等。

下面对 TDM 业务和 Ethernet 业务的仿真进行简要说明。

1. TDM to PWE3

TDM 电路仿真业务实现方式是将 TDM 业务数据用特殊的电路仿真报文头进行封装，在特殊报文头中携带 TDM 业务数据的帧格式信息、告警信息、信令信息以及同步定时信息。封装后的报文称为 PW 报文，再以 IP、MPLS、L2TP 等协议对 PW 报文进行承载穿越相应的包交换网络，达到 PW 隧道出口之后再执行解封装的过程，然后重建 TDM 电路交换业务数据流。

使用 PW 方式在 PSN 网络上仿真传送 TDM 业务，主要包括 TDM 业务数据、TDM 业务数据的帧格式、TDM 业务在 AC 侧告警、信令和 TDM 同步定时信息，几个要素需要被运载到伪线的另外一端。TDM 电路仿真封装协议为 SAToP 协议（Structure-agnostic TDM over packet，SAToP）和基于分组交换网络的结构化时分复用电路仿真（Structure-aware TDM circuit emulation service over packet switched network，CESoPSN）协议。SAToP 协议是用来解决非结构化，也就是非帧模式的 E1/T1/E3/T3 业务传送。它将 TDM 业务都作为串行的数据码流进行切分和封装后在 PW 隧道上进行。TDM 信号中的开销和净荷都被透明传输，承载 CES 业务的以太网帧的装载时间一般为 1ms，而结构化仿真模式 CESoPSN 协议，设备感知 TDM 电路中的帧结构、定帧方式、时隙信息。设备会处理 TDM 帧中的开销，并将净荷提取出来，然后将各路时隙按一定顺序放到分组报文的净荷中，因此在报文中每路业务是固定可见的。每个承载 CES 业务的以太网帧装载固定个数的 TDM 帧，装载时间一般为 1～5ms。

2. Ethernet to PWE3

以太网业务有以太专线业务（E-Line Service）、以太专网业务（E-LAN Service）和以太汇聚业务（E-AGGR Service）。以太网业务仿真流程如图 1-20 所示。其中外层标签用来标识 Tunnel，内层标签用来标识 PW。

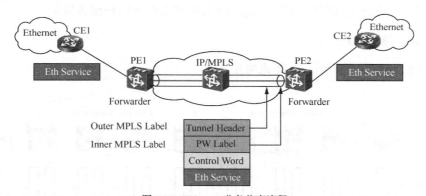

图 1-20　Ethernet 业务仿真流程

外层标签（Tunnel label）可以由信令协议（如在 OptiX PTN 中，是由 RSVP-TE 分配）动态分配或者手工配置。

内层标签（PW label）可以由信令协议（如在 OptiX PTN 中，是由标签分发协议（LDP）分配）动态分配或者手工配置。

控制字（CW）是可选的，如对到达的报文有严格的顺序要求，可使用 CW 携带序列号。

由于 MPLS 具有良好的可扩展性，完善的 QoS 特性，提供 VPN 业务等优点，MPLS 获得了广泛的应用，并逐步由核心到边缘发展。结合 PWE3 技术，MPLS 网络可以支持 TDM 业务、ATM 业务、FE 业务和以太网业务的统一传送。但是传送网需要丰富的操作维护能力、端到端快速的保护、端到端的 QoS 保证等运营级网络特性，这些特性是 MPLS 必须扩展才能完成的。

1.2.2　运行管理维护技术

一、OAM 定义

根据运营商运营网络的实际需要，通常将网络的管理工作分为三大类：操作（Operating）、管理（Administration）与维护（Maintenance）。操作主要完成对日常网络和业务的分析、预测、规划和配置工作；维护主要是对网络及业务的测试和故障管理。因此，OAM 是指为保障网络与业务正常、安全、有效运行而采取的生产组织管理活动，简称运行管理维护或运维管理。

ITU-T 对 OAM 功能进行了定义：性能监控并产生维护信息，根据这些信息评估网络的稳定性，旁路失效实体，保证网络的正常运行；通过定期查询的方式检测网络故障，产生各种维护和告警信息；通过调度或者切换到其他实体，旁路失效实体，保证网络正常运行；将故障信息传递给管理实体。

OAM 功能在公众网中十分重要，它可以简化网络操作，检验网络性能和降低网络运行成本。在提供保障服务质量的网络中，OAM 功能尤为重要。PTN 网络应能提供具有 QoS 保障的多业务能力，因此必须具备 OAM 能力。OAM 机制不仅可以预防网络故障的发生，还能实现对网络故障的迅速诊断和定位，提高网络的可用性和用户服务质量。

二、OAM 对象术语

OAM 对象如图 1-21 所示，具体说明如下。

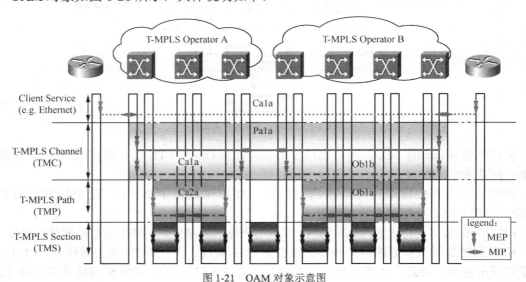

图 1-21　OAM 对象示意图

（1）维护实体（Maintenance Entity，ME）：一个需要管理的实体，表示两个 MEP 之间的联系。在 T-MPLS 中，基本的 ME 是 T-MPLS 路径，ME 之间可以嵌套，但不允许两个以上的 ME 之间存在交叠。

（2）维护实体组（ME Group，MEG）：属于同一个管理域，属于同一个 MEG 层次；属于相同的点到点或点到多点 T-MPLS 连接。

（3）维护实体组端点（MEG End Point，MEP）：用于标识一个 MEG 的开始和结束，能够生成和终结 OAM 分组。

（4）维护实体组中间点（MEG Intermediate Point，MIP）：MEG 的中间节点，不能生成 OAM 分组，但能够对某些 OAM 分组选择特定的动作，对途经的 T-MPLS 帧可透明传输。

（5）维护实体组等级（MEG Level，MEL）：多 MEG 嵌套时，用于区分各 MEG OAM 分组，通过在源方向增加 MEL 和在宿方向减少 MEL 的方式处理隧道中的 OAM 分组。

三、OAM 帧

OAM 信息包含在特定的 OAM 帧，并以帧的形式进行传送。OAM 帧由 OAM PDU 和外层的转发标签栈条目组成，如图 1-22 所示。转发标记栈条目内容同其他数据分组一样，用来保证 OAM 分组在 T-MPLS 路径上的正确转发。

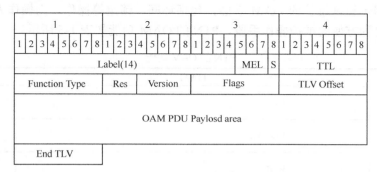

图 1-22　OAM 帧结构

图中最前面的 4byte 是 OAM 标记栈条目，各字段定义如下。

Label（14）：20bit 标记值，值为 14，表示 OAM 标记；

MEL：3bit MEL，范围为 0～7；

S：1 位 S 位，值为 1，表示是标记栈底部；

TTL：8bit TTL 值，取值为 1 或 MEP 到指定 MIP 的跳数+1，第 5 个字节是 OAM 消息类型；

Function　Type：8bit OAM 功能类型。

另外，部分 OAM　PDU 需要指定目标 MEP 或 MIP，即 MEP 或 MIP 标识，根据功能类型的不同，可以是如下三种格式之一。

48 bit MAC 地址；

13 bit MEG ID 和 13 位 MEP/MIP ID；

128 bit IPV6 地址。

对应 3 种不同应用，OAM 帧的发送周期不同：故障管理：默认周期 1s（1 帧/s）；性能监控：默认周期 100m（10 帧/s）；保护倒换：3.33ms 默认周期（300 帧/s）。

四、PTN 的 OAM 功能

PTN 支持层次化 OAM 功能，提供了最多 8 层（0～7），并且每层支持独立的 OAM 功能，来应对不同的网络部署策略。一般分为 TMC、TMP、TMS 和接入链路层面。目前，PTN 的 OAM 功能主要有以下 3 种。

（1）PTN 提供与故障管理相关的 OAM 功能，实现了网络故障的自动检测、查验、故障定位和通知的功能。

- 在网络端口、节点或链路故障时，通过连续性检测，快速检测故障并触发保护。
- 在故障定位时，通过环回检测，准确定位到故障端口、节点或链路。
- 提供与性能监视相关的 OAM 功能，实现了网络性能的在线测量和性能上报功能。
- 在网络性能发生劣化时，通过对丢包率和时延等性能指标进行检测，实现对网络运行质量的监控，并触发保护。

（2）提供告警和告警抑制相关的 OAM 功能。告警机制可以保证在网络故障时产生告警，从而及时、有效关联到故障影响的业务。

网络底层故障会导致大量的上层故障，上游故障会导致大量的下游故障，AIS/RDI 等告警抑制可以屏蔽无效告警。

（3）提供用于日常维护的 OAM 功能，包括环回、锁定等操作，为操作人员在日常网络检查中提供了更为方便的维护操作手段。PTN 的 OAM 功能如表 1-5 所示。

表 1-5　　　　　　　　　　　　　　　PTN 的 OAM 功能

	OAM	T-MPLS
故障管理	CC	√ CV
	FDI/AIS	√ FDI/AIS
	RDI	√ RDI
	LoopBack（LB）	√
	Test（TST）	√
	LCK	√
	CSF	√
性能管理	Dual-ended LM、Single-ended LM	√
	One-way DM、Two-way DM	√
其他 OAM	APS、MCC、EX、VS	√
	SCC、SSM	√

OAM 功能可以分为告警 OAM 功能、性能相关 OAM 功能以及其他 OAM 功能，具体 OAM PDU 的定义如下。

- 告警相关的 OAM 功能

a．连续性检测和连通性（Continuity and Connectivity Check，CC）功能：工作在主动模式，源端 MEG 的端点（MEP）周期性发送该 OAM 报文，宿端 MEP 检测两维护端点之间的连续性丢失（LOC）故障以及误合并、误连接等连通性故障。可用于故障管理、性能监控、保护倒换。用于检测相同 MEG 域内任意一对 MEP 间信号连续性，即检测连接是否正常。

b．告警指示信号（Alarm Indication Signal，AIS）功能：用于将服务层检测到路径失效信号后，在服务层 MEP 向客户层上插该 OAM 报文，并转发至客户层 MEP，实现对客户层的告警进行抑制，避免出现冗余告警。

c．远端故障指示（Remote Defect Indication，RDI）功能：用于将 MEP 检测到故障这一信息通知对端 MEP。

d．环回（Loopback，LB）：工作在按需模式，MEP 是环回请求分组的发起点。环回的执行点可以是 MEP 或者 MIP Lock 维护信号，用于通知一个 MEP，相应的服务层或子层MEP 出于管理上的需要，已经将正常业务中断。从而使得该 MEP 可以判断业务中断是预知的，还是由于故障引起的。

- 性能相关 OAM 功能

a．帧丢失测量（Frame Loss Measurement，LM）：用于测量一个 MEP 到另一个 MEP 的单向或双向帧丢失数，采用 CV 帧来测试 SD（信号劣化）。

b．分组时延和分组时延变化测量（Packet Delay and Packet Delay Variation Measurements，DM）：用于测量从一个 MEP 到另一个 MEP 的分组传送时延和时延变化；或者将分组从 MEP A 传送到 MEP B，然后，MEP B 再将该分组传回 MEP A 的总分组传送时延和时延变化。

- 其他 OAM 功能

a．自动保护倒换（Automatic Protection Switching，APS）：由 G.8131/G.8132 定义，发送 APS 帧；

b．管理通信信道（Management Communication Channel，MCC）：由 G.T-MPLS-mgmt定义，发送 MCC 帧；

c．用户信号失效（Client Signal Fail，CSF）：用于从 T-MPLS 路径的源端传递客户层的失效信号到 T-MPLS 路径的宿端。

1.2.3　PTN 的保护技术

由于 PTN 设备承载移动核心业务——基站业务和大客户接入业务，所以 PTN 设备及组网的可靠性尤为重要。PTN 设备分为设备级保护和网络级保护，设备级保护包括主控和通信处理单元、交叉和时钟处理单元的 1+1 保护、TPS 保护、电源的 1+1 保护以及风扇的保护。这些功能能够提高设备自身的生存性，同时还具有完善的 PTN 网络级保护恢复能力。PTN 网络级保护分为 PTN 网络内保护和 PTN 与其他网络的接入链路保护。PTN 网络内的保护方式主要是：1+1/1∶1 线性保护与环网保护。而 PTN 与其他网络的接入链路保护则按照接入链路类型不同分为：TDM/ATM 接入链路的保护和以太网 GE/10GE 接入链路的保护。对于 TDM/ATM 接入链路采用 1+1/1∶1 线性 MSP 保护，对于以太网 GE/10GE 接入链路则采用 LAG（人工，静态，动态）保护。

一、1+1/1∶1 线性保护——APS 技术

1．APS 定义

APS 协议是用于两个实体之间倒换信息协同决策的协议，它能使得使用该协议的两个实体通过 APS PDU 协同切换信息从而调整各自 selector 位置，实现工作隧道到保护隧道的切换。

APS 用于在双向保护倒换时协调源宿双方的动作，使得源宿双方通过配合共同完成保护锁定、手工倒换、倒换延时、等待恢复等功能。

2. APS 保护模式

APS 主要有两种保护模式，反转模式和非反转模式。

反转模式：一旦工作隧道恢复正常，数据流要恢复到工作隧道上转发。

非反转模式：当工作隧道恢复正常，数据流不需要切换到工作隧道上转发，依然在保护隧道上转发。

3. APS 工作方式

APS 有两种工作方式，1+1 方式和 1：1 方式。

1+1 的方式：发送端同时向工作隧道和保护隧道转发流量，接收端根据隧道状态选择从哪个隧道上接收流量，适合单向隧道，不需要运行 APS 协议。但是如果是双向的隧道，在此种模式下需要运行 APS 协议，以保证两个端点的状态保持一致。

1：1 的方式：发送端或者保护隧道或者在工作隧道上发送数据，接收端根据 APS 协议从其中一个隧道上接收数据；适合双向隧道，运行 APS 协议保证两个端点选择同样的隧道发送和接收数据。在 1：1 的基础上可以扩展为 1：N 的隧道保护，即一个保护隧道，N 条工作隧道，增加了链路的利用率。

APS 协议固定在备用通道上发送，这样双方设备就能知道接收到 APS 报文的通道是对方的备用通道，可依此来检测彼此的主备通道配置得是否一致。当接收不到 APS 报文时，应该固定从主通道收发业务。

APS 的单向保护倒换如图 1-23 所示，当一个方向的 Tunnel 出现故障后，只倒换受影响的方向，另一个方向的 Tunnel 保持不变，继续从原通道选收业务。

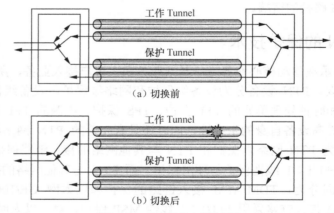

图 1-23　APS 的单向保护倒换

APS 的双向保护倒换如图 1-24 所示，当一个方向的 Tunnel 出现故障后，两个方向的 Tunnel 都需要倒换。业务流量要么都走工作 Tunnel，要么都走保护 Tunnel，能保证两个方向的业务流量都走同样的路径，便于维护。

PTN 除了线性 1+1 和 1：1 路径保护倒换外，还有环网保护倒换环回（Wrapping）和转向（Steering）两种，如图 1-25 所示。

Wrapping 保护属于段层保护，类似 SDH 的复用段保护。当网络上节点检测到网络失效，故障侧相邻节点通过 APS 协议向相邻节点发出倒换请求。当某个节点检测到失效或接收到倒换请求时，转发至失效节点的普通业务将被倒换至另一个方向（远离失效节点）。当网络失效或 APS 协议请求消失，业务将返回原路径。Wrapping 保护实际上是在故障处相邻两节点进行倒换，采用 TMS 层 OAM 中的 APS 协议，实现小于 50ms 倒换。

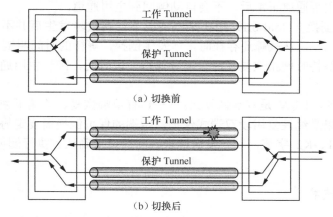

图 1-24　APS 的双向保护倒换

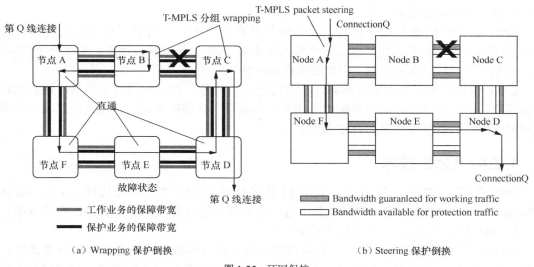

（a）Wrapping 保护倒换　　　　　　　　（b）Steering 保护倒换

图 1-25　环网保护

Steering 保护属于段层保护，当网络上节点检测到网络失效，通过 APS 协议向环上所有节点发出倒换请求。每条点到点的业务在源节点被倒换到保护方向，所有受网络失效影响的业务都从工作方向倒换到保护方向，因此受影响网元较多，倒换协议复杂，倒换时间不能保证 50ms（节点数多时）。当网络失效或 APS 协议请求消失，业务将返回原路径。

二、线性复用段保护技术

线性复用段保护（Linear Multiplex Sction Protection，LMSP）技术保护对象为 STM-1/4 的口、POD41 板、AD1 板、CD1 板。LMSP 通过 SDH 帧中复用段的开销 K1/K2 字节来完成倒换协议的交互，通过 SDH 层面的告警来触发倒换。K1/K2 这两个字节用作自动保护倒换信令，K1 字节前 4bit 表示倒换请求，后 4bit 表示请求通道号，K2 字节前 4bit 表示当前

桥接通道号，第 5bit 表示类型码，第 6～8bit 表示状态码。

LMSP 的恢复模式指倒换发生后，如果主用通道恢复正常，则会自动再倒回到主用通道；非恢复模式指主用通道正常后，不会自动倒回到主用通道。

LMSP 的延迟倒换（Hold-off）指在某些情况下，在故障发生后并不希望立刻倒换，而是需要等待一段时间，确认故障还存在时，才发生倒换，等待的时间叫倒换延迟时间。

LMSP 的恢复等待时间指恢复式时，需要等待一段时间，确认主用通道的确正常了后才切换回主通道。

对于 PTN 设备，1∶N 是双端恢复式；1+1 有单端恢复、单端不恢复、双端恢复、双端不恢复四种。如果是线性复用段双端式保护，两端的保护倒换需要走协议来进行协调，利用的是段开销的 K1、K2 字节，以便发送请求、回馈请求确认、执行倒换动作。协议 K 字节在备用通道传送。

三、链路聚合技术

链路聚合（Link Aggregation，LAG）技术：指将多个以太口聚合起来组成一个逻辑上的端口。链路聚合控制协议（Link Aggregation Control Protocol，LACP）用于动态控制物理端口是否加入到聚合组中。

LAG 保护应用在负载分担时，业务均匀分布在 LAG 组内的所有成员上传送，每个 LAG 组最多支持 16 个成员。但是这个模式无法对 QoS 提供很好的保证，因此在 PTN 产品中，该模式只能应用在用户侧，不能应用在网络侧。

LAG 保护应用在非负载分担时，正常情况下，业务只在工作端口上传送，保护端口上不传送业务，每个 LAG 组只能配两个成员，形成 1∶1 保护方式。该模式可以应用在用户侧和网络侧，可以保证用户的 QoS 特性。

1.2.4 QoS 技术

QoS 是指网络的一种能力，即在跨越多种底层网络技术（MSTP、FR、ATM、Ethernet、SDH、MPLS 等）的网络上，为特定的业务提供其所需要的服务，在丢包率、延迟、抖动和带宽等方面获得可预期的服务水平。

QoS 技术实施的目标主要是：有效控制网络资源及其使用，避免并管理网络拥塞，减少报文的丢失率，调控网络的流量，为特定用户或特定业务提供专用带宽，支撑网络上的实时业务。

QoS 的功能有报文分类和着色，网络拥塞管理，网络拥塞避免，流量监管和流量整形，以及 QoS 信令协议等。

一、QoS 的三种服务模型

1．尽力而为服务模型

尽力而为（Best-Effort）服务模型是传统 IP 网络提供的服务类型，在这种服务方式下，所有经过网络传输的分组具有相同的优先级，IP 网络会尽一切可能将分组正确完整地送到目的地，不保证分组在传输中不发生丢弃、损坏、重复、失序及错误等现象，不对分组传输介质相关的传输特性（如时延、抖动等）做出任何承诺。

2．保证服务模型

保证服务（Integrated Service，IntServ）模型是 IETF 于 1993 年开发的一种在 IP 网络中支持多种服务的机制，它的目标是在 IP 网络中同时支持实时服务和传统的尽力而为服务，它是一种基于为每个信息流预留资源的模型，业务通过信令向网络申请特定的 QoS 服务，网络在流量参数描述的范围内，预留资源以承诺满足该请求。保证服务模型要求源和目的主机通过资源预留协议（Resource Reservation Protocol，RSVP）信令消息，在源和目的主机之间传输路径上的每一个节点建立分组分类和转发状态。

保证服务模型需要为每一个流维持一个转发状态，因此扩展性很差，而且 Internet 有上百万的流量，为每个流维护状态对设备消耗巨大，因此保证服务模型一直没有真正投入使用。

近年来，对 RSVP 进行了修改，使其支持资源预留合并，并可以和区分服务模型配合使用，特别是 MPLS 技术的发展，使 RSVP 有了新的发展。

3．区分服务模型

区分服务（Differentiated Service，DiffServ）模型使用流量类来描述各种服务。在区分服务域的网络边缘入口设备进行流量的分类和标记，网络内部的设备只需要根据数据包的标记执行相应的每一跳行为（Per-hop Behavior，PHB），无需进行复杂的流分类。当网络出现拥塞时，根据业务的不同服务等级约定，有差别地进行流量控制和转发来解决拥塞问题。

PHB 用来描述对流量的动作，比如尽快转发、重新标记、丢弃等。

分类标记是数据包的一部分，能够随着数据在网络中传递，所以网络设备不需要为不同的流保留状态信息，数据包能获得什么样的服务跟它的标记密切相关。

一个 DS（DiffServ）域的入口和出口设备通过链路与其他 DS 域或非 DS 域相连，因为不同的管理域会执行不同的 QoS 策略，所以不同的管理域之间要协商服务等级协定（Service Level Agreement，SLA）并制定流量调整协定（Traffic Conditioning Agreement，TCA），在入口和出口设备上要保证流入和流出的流量符合 TCA 的规定。

二、QoS 技术

QoS 技术包括流分类、流量监管、流量整形、接口限速、拥塞管理、拥塞避免等。

流分类：采用一定的规则识别符合某类特征的报文，它是对网络业务进行区分服务的前提和基础。

流量监管：对进入或流出设备的特定流量进行监管。当流量超出设定值时，可以采取限制或惩罚措施，以保护网络资源不受损害。可以作用在接口入方向和出方向。

流量整形：一种主动调整流的输出速率的流量控制措施，用来使流量适配下游设备可用的网络资源，避免不必要的报文丢弃和延迟，通常作用在接口出方向。

拥塞管理：就是当拥塞发生时如何制定一个资源的调度策略，以决定报文转发的处理次序，通常作用在接口出方向。

拥塞避免：监督网络资源的使用情况，当发现拥塞有加剧的趋势时采取主动丢弃报文的策略，通过调整队列长度来解除网络的过载，通常作用在接口出方向。

1．优先级

优先级用于标识报文传输的优先程度，可以分为两类：报文携带优先级和设备调度优先级。报文携带优先级包括：802.1p 优先级、DSCP 优先级、IP 优先级、EXP 优先级等。这

些优先级都是根据公认的标准和协议生成的，体现了报文自身的优先等级；设备调度优先级是指报文在设备内转发时所使用的优先级，只对当前设备自身有效，它又包括本地优先级（LP）、丢弃优先级（DP）和用户优先级（UP）。

2. 流量监管

流量监管（Traffic-policing）是监管进入网络中某一流量的规格，限制它在一个允许的范围之内。流量监管的典型应用是监督进入网络的某一流量的规格，把它限制在一个合理的范围之内，或对超出的部分流量进行"惩罚"，以保护网络资源和运营商的利益。通常的用法是使用承诺访问速率（Committed Access Rate，CAR）来限制某类报文的流量，例如可以限制 HTTP 报文不能占用超过 50%的网络带宽。如果发现某个连接的流量超标，流量监管可以选择丢弃报文，或重新设置报文的优先级。

3. 流量整形

与流量监管的作用一样，流量整形（traffic shaping）主要是对流量监管中需要丢弃的报文进行缓存——通常是放入缓存区或队列中。流量整形的典型作用是限制流出某一网络的某一连接的流量与突发，使这类报文以比较均匀的速度向外发送。流量整形通常使用缓冲区和令牌桶来完成，当报文的发送速度过快时，首先在缓冲区进行缓存，在令牌桶的控制下，再均匀地发送这些被缓冲的报文。通用流量整形（GTS）可以对不规则或不符合预定流量特性的流量进行整形，以利于网络上下游之间的带宽匹配。GTS 与 CAR 的主要区别在于：利用CAR 进行报文流量控制时，对不符合流量特性的报文进行丢弃，而 GTS 对于不符合流量特性的报文则是进行缓冲，减少了报文的丢弃，同时满足报文的流量特性

4. 拥塞管理机制

拥塞管理是指网络在发生拥塞时，如何进行管理和控制。处理的方法是使用队列技术，不同的队列算法用来解决不同的问题，并产生不同的效果。常用的队列有先进先出（First In First Out，FIFO）、优先级队列（Priority Queuing，PQ），加权公平队列（Weighted Fair Queuing，WFQ）、定制队列（Custom Queuing，CQ）等。

拥塞管理的处理包括队列的创建、报文的分类、将报文送入不同的队列、队列调度等。在一个接口没有发生拥塞的时候，报文在到达接口后立即就被发送出去，在报文到达的速度超过接口发送报文的速度时，接口就发生了拥塞。拥塞管理就会将这些报文进行分类，送入不同的队列；而队列调度对不同优先级的报文进行分别处理，优先级高的报文会得到优先处理。

5. 拥塞避免机制

拥塞避免机制（Congestion Avoidance）是指，当拥塞发生时，传统的丢包策略采用尾丢弃（Tail-Drop）的方法。当队列的长度达到某一最大值后，所有新来的报文都被丢弃。如果配置了 WFQ，则可以采用 WFQ 的丢弃方式。

过度的拥塞会对网络资源造成极大危害，必须采取某种措施加以解除。拥塞避免是指通过监视网络资源（如队列或者内存缓冲区）的使用情况，在拥塞有加剧的趋势时，主动丢弃报文，通过调整网络的流量来解除网络过载的一种流控机制。拥塞避免的方法有随机早期检测（Random Early Detection，RED）和加权随机早期检测（Weighted Random Early Detection，WRED）

6. PTN 的 QoS 策略

PTN 设备支持接入以太网报文、IP 报文，以及 MPLS 报文。在端口的入方向将这些报

文的优先级映射到标准的 PHB（Per-Hop Behavior）的转发服务类型上，在端口的出方向将标准的 PHB 的转发服务类型再映射到这些报文的优先级上。

1.2.5　同步技术

同步包括时间同步与时钟同步两个概念，建设同步网的目的是，将其时间与/或时钟频率作为定时基准信号分配给通信网中所有需要同步的网元设备与业务。作为各种业务统一传送的网络，同样要求 PTN 能够实现网络的同步，以满足应用的需要和 QoS 的要求。

一、时间同步和时钟同步

频率同步，就是所谓时钟同步，指信号之间的频率或相位上保持某种严格的特定关系，其相对应的有效瞬间以同一平均速率出现，以维持通信网络中所有的设备以相同的速率运行。

一般所说的"时间"有两种含义：时刻和时间间隔。前者指连续流逝的时间的某一瞬间，后者是指两个瞬间之间的间隔长。时间同步的操作就是按照接收到的时间来调控设备内部的时钟和时刻。

时钟同步与时间同步的关系可以用下面的秒表的例子来说明。假设有两块具有秒针的秒表，如果两块表的频率同步，意味着两块表的秒针具有相同的"跳跃"周期，也就是两块表走得一样快。但是这并不意味着两块表所表示的时间相同，也就是时间同步。时间同步首先要求两块表有相同的时标（Time Scale），也就是时间的起始点（Epoch）和固定的时间间隔（Time Interval）。假设我们采取当天的 0 时 0 分为时间的起始点，以分钟作为时间间隔的分界点，则可以得到一系列的时刻点的值，如 0 时 1 分、2 分……59 分、1 时 0 分……在此前提下，如果两块表的时间同步，则它们会同时经过每一个时刻点。但如果两块表经过同一时刻点的时间有固定不变的差值，则它们之间虽然保持频率同步但不能时间同步，这是由于两者存在一定的相位差。

通常情况下，我们选择其中一块表作为同步参考源，即主时钟；另一块表作为从时钟，使其保持与主时钟的频率和时间同步。为了消除相位差，主时钟可以提供一个以 60s 为周期的基准脉冲信号（即"对表"信号），使从时钟秒针的跳变位置在每一个基准信号脉冲出现时，与主时钟秒针的跳变位置保持一致，则两块表就能保持相位的对齐（或相位同步）以及时间上的同步。

二、时间同步与时钟同步标准

1. ITU-T

ITU-T 分组网络同步与定时系列标准由 Q13/SG15 负责制定，目前已经通过的有 G.8261，G.8262 和 G.8264 三个标准。这些标准的应用范围限于在分组网络中实现频率的同步，对于相位和时间的同步标准，ITU-T 也将制定一系列标准，如 G.8265。

2. IEEE

IEEE 在 2002 年发布了 IEEE1588 标准，该标准定义了一种精确时间同步协议（Precision Time Protocol，PTP），目的是在由网络构成的测量和控制系统中实现精确的时间同步。IEEE1588 是针对局域网组播环境（如以太网）制定的标准。2008 年发布

IEEE1588V2，该版本中增加了适应电信网络应用的技术特点，可适用于时间和频率同步。

3. IETF

IETF 的网络时间同步协议（Network Time Protocol，NTP）是最早采用分组协议方式进行时间同步的标准，它实现了 INTERNET 上用户与时间服务器之间的时间同步。

三、关键技术

目前在分组网络中实现同步的主要方法有 1588V2 协议和同步以太网两种方式，1588V2 协议和网络时间协议（NTP）一样，是一种基于协议层实现的网络同步时间传递方法，可实现频率同步和相位同步，相对于网络时间协议的 ms 级精度，1588V2 协议可实现微秒及次微秒级时间同步精度，可替代当前的全球定位系统（Global Positioning System，GPS）实现方案，降低网络组网成本和设备的安装复杂性。同步以太网技术是一种基于传统的物理层时钟同步技术，该技术从物理层数据码流中提取网络传递的高精度时钟，不受业务负载流量影响，为系统提供基于频率的时钟同步功能。同步以太网可应用于基于频分双工（Frequency Division Duplexing，FDD）模式，不需要同步的应用中。

1. 同步以太网

同步以太网采用类似 SDH/PDH/SONET 方式的时钟同步方案，通过物理层串行数据码流提取时钟，不受链路业务流量影响，通过同步状态信息（Synchronization Status Message，SSM）帧传递对应的时钟质量信息。同步以太网的原理如图 1-26 所示。系统需要一个时钟模块（时钟板），统一输出一个高精度系统时钟给所有以太网接口卡，以太接口上的物理层器件利用这个高精度时钟将数据发送出去。在接收侧，以太网接口的物理层器件将时钟恢复出来，分频后上送给时钟板。时钟板判断各个接口上报的时钟质量，选择一个精度最高的，将系统时钟与其同步。

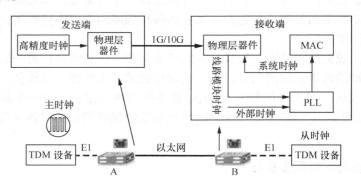

图 1-26　同步以太网传递时钟原理

为了正确选择时钟源，在传递时钟信息的同时，必须传递时钟同步状态信息（SSM）。对于 SDH 网络，时钟质量等级是通过 SDH 的带外开销字节完成的，但是以太网没有带外通道，只能通过构造 SSM 报文的方式通告下游设备，报文格式可以采用以太 OAM 的通用报文格式。

2. IEEE 1588v2 技术

IEEE 1588v2 技术是一种精确时间同步协议（PTP），通过主从设备间 IEEE 1588v 消息传递并计算时间和频率偏差，达到主从频率和时间同步。其基本原理如图 1-27 所示。

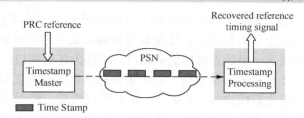

图 1-27　IEEE 1588v2 基本原理

① 主时钟节点 Master 发送 Sync 报文，并记录实际发送的 T1 时刻（One Step 方式下携带 T1）。

② 从时钟节点 Slave 于本地 T2 时刻接收到 Sync 报文。

③ Master 发送 Follow 报文，携带 T_1 时戳（Two Step 方式）。

④ Slave 发送 Delay_Req 报文，并记录实际发送的 T_3 时刻。

⑤ Master 接收 Delay_Req 报文，记录接收时刻 T_4。

⑥ Master 将 T4 时刻通过 Delay_Resp 报文发给 Slave。

⑦ Slave 根据 $T_1 \sim T_4$ 计算 Delay 和 Offset，并使用 Offset 纠正本地时间。

假设主从时钟之间的链路延迟是对称的，从时钟根据已知的 4 个时间值，可以计算出与主时钟的时间偏移量和链路延迟。

因为　t2−t1−Offset=Delay

　　　　t4−(t3−Offset)=Delay

所以

M 与 S 的时间偏移量（假设 Tms=Tsm）：Offset=[(t2−t1)−(t4−t3)]/2

M 与 S 之间的时间延迟：Delay=[(t2−t1)+(t4−t3)]/2

Master 和 Slave 之间不断发送 PTP 报文，Slave 端根据 Offset 修正本地时间，使本地时间同步 Master 的时间。

1588v2 协议的优点：支持频率同步和时间同步，同步精度高，网络报文时延差异影响可以通过逐级的恢复方式解决，是统一的业界标准。缺点是不支持非对称网络，需要硬件支持 1588v2 协议和工作原理。

PTN 同步以太网与 IEEE 1588v2 两种技术的融合，可以提升和时钟的时间精度（与基站相连节点必须为普通时钟（Ordinary Clock，OC）或边界时钟（Boundary Clock，BC）时钟模式），为避免业务流量对 IEEE 1588v2 时间传递精度的影响，IEEE 1588v2 报文应在设备接口侧处理（IEEE 1588v2 对于双向时延不一致敏感）。

PTP 系统是包括 PTP 设备和非 PTP 设备组成的分布式网络系统。其中，PTP 设备包括普通时钟 OC、边界时钟 BC、透明时钟（Transparent Clock，TC）和管理节点；非 PTP 设备包括普通的网桥、路由器和基础器件。

1588v2 的时间同步方法有 OC、BC、端到端（End to End，E2E）TC 和（Point to Point，P2P）TC。

普通时钟 OC 是单端口器件，可以作为主时钟（Grandmaster）或从时钟（Slave）。一个同步域内只能有唯一的 Grandmaster。Grandmaster 的频率准确度和稳定性直接关系到整个同步网络的性能。一般可考虑 PRC 或同步于 GPS 系统。Slave 的性能决定时戳的精度以及 Sync 消息的速率。

边界时钟 BC 是多端口器件，是网络中间节点时钟设备，可连接多个 OC 或 TC。边界时钟的多个端口中，有一个作为从端口，连接到主时钟或其他边界时钟的主端口，其余端口作为主端口连接从时钟或下一级边界时钟的从端口，或作为备份端口。

E2E TC 实现 1588v2 报文的直接透传。对于事件报文，计算报文设备内驻留时间并修正时间戳信息，对于普通报文直接透传。E2E TC 转发所有消息，然而对于 PTP 事件信息和相关跟随信息，E2E 透传节点将这些信息经过本地的驻留时间累加到相应的修正域中补偿这些信息经过本地的损失。

P2P TC 和 E2E TC 的不同之处在于 P2P 通过测量相应 PTP 端口之间链路时延，并将该链路时延和 P2P 事件经过本地的驻留时间累加到相应事件信息修正域中，即 E2E TC 修正和转发所有的 PTP 事件信息。P2P TC 时钟只修正和转发 Sync 和 Follow_up 信息，这些消息的修正域根据 Sync 在 P2P TC 内的驻留时间和接收 Sync 在 P2P TC 内的驻留时间及接收 Sync 消息端口的链路时延进行修正。

PTP 系统中的设备通过网络相互通信。网络包含在不同的网络之间执行通信协议的传送设备。PTP 系统由两大子系统组成：应用端口子系统和核心子系统。其中，应用端口子系统主要由各种端口的时钟处理模块和 1588v2 处理模块组成；核心子系统主要由选源算法、控制模块和时钟时间同步模块组成。

 习题

1. PTN 的定义是什么？有何特点？主要应用在什么地方？
2. PTN 的关键技术有哪些？
3. PTN 的主要技术标准有哪两种？有何区别？
4. PTN 的体系结构分为哪几层？各有何作用？
5. PTN 的功能平面有哪些？各有何作用？
6. MSTP 是什么?关键技术有哪些？各自有何作用？
7. MPLS 的定义是什么？简述其主要工作原理。
8. 画图说明 MPLS 标签的结构。
9. 简述 PWE3 技术的主要特点及工作流程。
10. 简述 APS 保护的基本原理。
11. 什么是 Wrapping 保护倒换，什么是 Steering 保护倒换。
12. PTN 的 OAM 层次分为哪几层？OAM 报文分为哪些类型？
13. QoS 定义是什么？有哪些模型？
14. 时间同步与时钟同步分别如何定义？
15. 简述 1588v2 时间协商与计算过程。
16. 1588v2 定义了哪三种基本时钟类型?各有何特点？

第 2 章

认识 PTN 典型设备

本章主要介绍华为公司和中兴公司的典型 PTN 设备。通过本章的学习，应掌握以下内容。
- 了解华为公司及中兴公司的主要 PTN 产品系列及其在网络中的应用。
- 掌握华为公司 PTN3900、1900 设备常用单板的主要功能及信号流向。
- 掌握中兴公司 PTN6100、6200、6300 设备的各单板功能及信息流向。
- 掌握 PTN 设备级保护方式。

2.1 认识华为 PTN 设备

当前全球各大设备制造商，均针对运营商移动回传网络的建设，推出了 PTN 设备产品及解决方案。中国移动是国内首家应用 PTN 的运营商，表 2-1 即为 2010 年 5 月各主流设备提供商参加中国移动 PTN 设备集采选型的产品型号。

表 2-1　　　　　　　　　各主流设备提供商的 PTN 产品系列

厂家	组网方案	中心节点	汇聚节点	接入节点
华为	PTN(MPLS-TP)	PTN3900	PTN3900	PTN1900
中兴	PTN(MPLS-TP)	PTN6300	PTN6300	PTN6100
烽火通信	PTN(MPLS-TP)	CiTRANS660	CiTRANS660	CiTRANS62
烽火网络	PTN(PBT)	M8416E	M8416E	M8228E
阿尔卡特朗讯	PTN(MPLS-TP)	TSS320	TSS320	TSS5
北电	PTN(PBT)	MERS8600	MERS8600	ESU1800
诺西	PTN(MPLS-TP)	A8100	A4100	A2200
爱立信	PTN(MPLS-TP)	OMS2450	OMS2430	OMS1410
UT 斯达康	PTN(MPLS-TP)	TN725	TN705	TN703

华为推荐基于 T-MPLS/MPLS-TP 的 PTN 系列来实现 IP 化传送方案，产品系列包括 PTN3900/1900/950/910 等。

2.1.1 华为 PTN 设备在网络中的地位与应用

OptiX PTN 3900/1900 是华为公司面向分组传送的新一代城域光传送设备。OptiX PTN 3900 主要定位于城域传送网中的汇聚层和核心层，负责分组业务在网络中的传输，并将业务汇聚至 IP/MPLS 骨干网中。OptiX PTN 1900 主要定位于城域传送网中的接入层，负责将

用户侧的以太网/ATM/电路仿真业务（Circuit Emulation Service，CES）接入到以分组为核心的传送网中。华为各系列的 PTN 设备在网络中的地位与应用如图 2-1 所示。

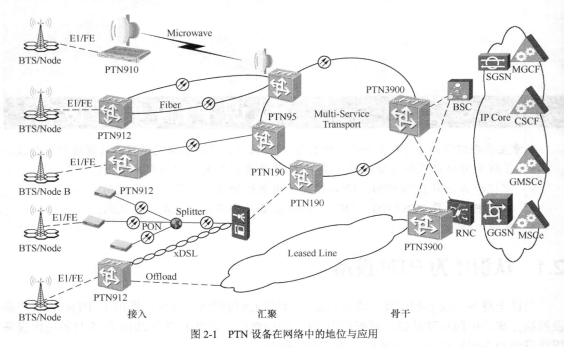

图 2-1　PTN 设备在网络中的地位与应用

2.1.2　OptiX PTN 硬件系统架构

OptiX PTN 硬件系统架构如图 2-2 所示。OptiX PTN 设备的系统功能模块包括业务处理模块、管理和控制模块、散热模块以及电源模块。

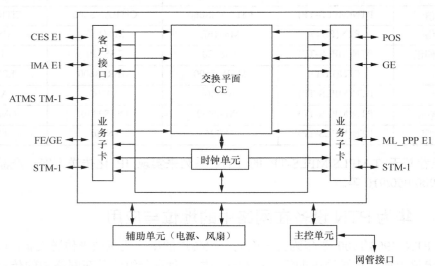

图 2-2　OptiX PTN 硬件系统架构

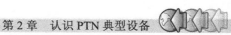

业务处理模块包括客户接口、网络接口、时钟模块以及交换平面。通过客户接口，设备能够在设备侧接入 CES E1，ATM 反向复用（Inverse Multiplexing on ATM，IMA）E1，ATM STM-1，FE/GE 等多种信号，通过网络接口，设备能够在网络侧接入基于 SDH 的分组业务（Packet over SDH，POS），吉比特以太网（Gigabit Ethernet，GE），ML-PPP E1 等多种信号。业务也能够通过 MDA 卡上的接口接入。设备侧和网络侧接入的信号，通过交换平面进行处理。

时钟模块为系统各单板提供系统时钟，为外时钟接口提供时钟信号。时钟模块支持处理和传递 SSM（同步信息状态字）。

管理和控制模块通过多套总线对系统进行管理和控制。管理和控制模块通过总线实现板间通信的管理，单板制造信息的管理，开销管理，以及主控和单板之间的通信管理。支持带内 DCN 管理、不中断转发（None Stop Forwarding，NSF）等功能。提供完备的辅助管理接口，包括网管接口、告警输入输出接口、告警级联接口、F&f 等。

2.1.3 设备的机柜、子架

一、OptiX PTN 设备外形

OptiX PTN 设备外形如图 2-3 所示。

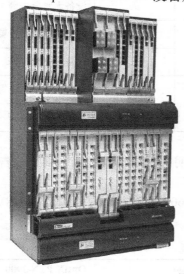

图 2-3　OptiX PTN 设备外形

二、机柜

1. ETSI 300/600 机柜尺寸

ETSI 300/600 机柜尺寸如表 2-2 所示。

表 2-2　　　　　　　　　　　ETSI 300/600 机柜尺寸及可安装子架数量

宽度（mm）	深度（mm）	高度（mm）
600	600	2200
	300	

高度（mm）	可安装子架数量			
	OptiX OSN 1900		OptiX OSN 3900	
	300mm	600mm	300mm	600mm
2000	4	8	1	2
2200	4	8	2	4

2．机柜指示灯

机柜指示灯如表 2-3 所示。

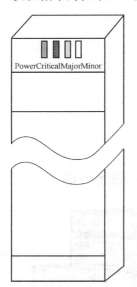

表 2-3　　　　　　　　　　　机柜指示灯

指示灯	颜色	状态	描述
电源正常指示灯 Power		亮	设备电源接通
		灭	设备电源没有接通
紧急告警指示灯 Critical		亮	设备发生紧急告警
		灭	设备无紧急告警
主要告警指示灯 Major		亮	设备发生主要告警
		灭	设备无主要告警
一般告警指示灯 Minor		亮	设备发生次要告警
		灭	设备无次要告警

注意：指示灯没有闪烁状态；当告警指示灯亮时，表明机柜内一个或多个子架产生告警。

3．设备功耗

设备为直流电源输入，输入电源值为 −48V 或 −60V。输入电源范围值：−48V±20%（或 −60V±20%）。设备功耗如表 2-4 所示。

表 2-4　　　　　　　　　　　PTN1900、3900 设备功耗

设备	OptiX PTN 1900	OptiX PTN 3900
单子架最大功耗（W）	560	2110
机柜保险容量（A）	30	50
熔断保险容量（A）	32	63

三、OptiX PTN 3900 子架

OptiX PTN 3900 子架如图 2-4 所示。

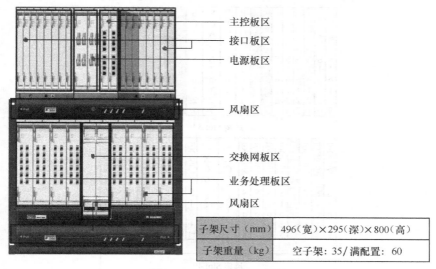

子架尺寸（mm）	496（宽）×295（深）×800（高）
子架重量（kg）	空子架：35/ 满配置：60

图 2-4 OptiX PTN 3900 子架

1．OptiX PTN 3900 的槽位对应关系

PTN 3900 的槽位对应关系如图 2-5 所示。16 个业务处理槽位，每槽位最大 20G 处理能力，16 个接入槽位，每个处理槽位对应两个接口槽位，10E1 业务处理槽位，其中 2 个槽位用于 TPS 保护。

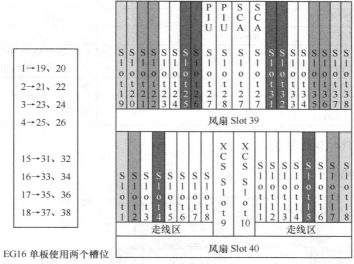

图 2-5 PTN 3900 子架的槽位对应关系

2．OptiX PTN 3900 的业务交换能力

OptiX PTN 3900 的业务交换能力为 10 G×16=160G，如图 2-6 所示。

3．OptiX PTN 3900 各种接口的接入能力

OptiX PTN 3900 能够通过多种接口接入业务。OptiX PTN 3900 各种接口的接入能力如表 2-5 所示。

					PIU	PIU	SCA	SCA										
Slot19	Slot20	Slot21	Slot22	Slot23	Slot24	Slot25	Slot26	Slot27	Slot28	Slot27	Slot27	Slot31	Slot32	Slot34	Slot35	Slot36	Slot37	Slot38

风扇 Slot 39

10Gbit/s	10Gbit/s	10Gbit/s	10Gbit/s	10Gbit/s	10Gbit/s	10Gbit/s	10Gbit/s	XCS	XCS	10Gbit/s	10Gbit/s	10Gbit/s	10Gbit/s	10Gbit/s	10Gbit/s	10Gbit/s	10Gbit/s
Slot1	Slot2	Slot3	Slot4	Slot5	Slot6	Slot7	Slot8	Slot9	Slot10	Slot11	Slot12	Slot13	Slot14	Slot15	Slot16	Slot17	Slot18

走线区　　　　　　　　　　　　　走线区

风扇 Slot 40

图 2-6　PTN 3900 的业务交换能力

表 2-5　　　　　　　　　　　　　　PTN 3900 各种接口的接入能力

接口类型	接入能力 （单板名称）	处理能力 （单板名称）	整机接口 数量	信号接入方式
E1	32(D75/D12)	32(MD1) 63(MQ1)	504	接口板接入
STM-1/4/POS	2(POD41)	8(EG16)	32	接口板接入
FE	16(ETFC)	48(EG16)	192	接口板接入
GE	12(EG16) 2(EFG2)	16+8(EG16)	160	GE 信号既可由接口板（EG16）接入，又可由接口板（EFG2）接入
通道化 STM-1	2(CD1)	2(CD1)	32	处理板接入
ATM STM-1	2(AD1) 2(ASD1)	2(AD1) 2(ASD1)	32	处理板接入

四、OptiX PTN 1900 子架

OptiX PTN 1900 子架如图 2-7 所示。

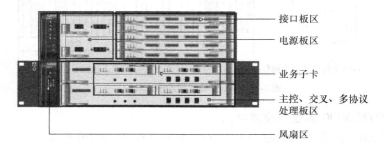

接口板区
电源板区
业务子卡
主控、交叉、多协议
处理板区
风扇区

子架尺寸（mm）	436（宽）×295（深）×220.6（高）
子架重量（kg）	空子架：9/满配置：15

图 2-7　OptiX PTN 1900 子架

1. PTN 1900 业务交换能力

PTN 1900 业务交换能力为 5G，如图 2-8 所示。

SLOT 10 (FANB)	SLOT8(PIU)	SLOT3 2Gbit/s	
		SLOT4 2Gbit/s	
		SLOT5 2Gbit/s	
	SLOT9(PIU)	SLOT6 2Gbit/s	
		SLOT7 2Gbit/s	
SLOT 11 (FANA)	SLOT1	SLOT 1-1 2Gbit/s	SLOT 1-2 2Gbit/s
	SLOT2	SLOT 2-1 2Gbit/s	SLOT 2-2 2Gbit/s

图 2-8　PTN 1900 业务交换能力

2. PTN 1900 槽位对应关系

PTN 1900 槽位对应关系如图 2-9 所示。

$$
\begin{array}{c|c}
1\text{-}1 & 3,\ 4 \\ \hline
1\text{-}2 & 5,\ 6
\end{array}
\qquad
\begin{array}{c|c}
2\text{-}1 & 3,\ 4 \\ \hline
2\text{-}2 & 5,\ 6
\end{array}
\qquad
\begin{array}{c|c}
1 & 3\text{-}7 \\ \hline
2 & 3\text{-}7
\end{array}
$$

图 2-9　PTN 1900 槽位对应关系

3. OptiX PTN 1900 各种接口的接入能力

OptiX PTN 1900 也能够通过多种接口接入业务。OptiX PTN 1900 各种接口的接入能力如表 2-6 所示。

表 2-6　　　　　　　　　　　　　　　PTN 1900 各种接口的接入能力

接口类型	接入能力（单板名称）	处理能力（单板名称）	整机接口数量	信号接入方式
E1	16（L75/L12）	32（MDI）	64	接口板接入
STM-1/4 POS	2（POD41）	10（CXP）	10	接口板接入
FE	12（ETFC）	55（CXP）	55	接口板接入
GE	2（EFG2）	10（CXP）	10	接口板接入
通道化 STM-1	2（CD1）	2（CD1）	32	处理板接入
ATM STM-1	2（AD1） 2（ASD1）	2（AD1） 2（ASD1）	32	处理板接入

2.1.4　华为 PTN 设备典型单板介绍

PTN 设备包括的单板类型及主要功能如表 2-7 所示。

表 2-7　　　　　　　　　　　　　　　PTN 设备单板类型及主要功能

单板分类	具体单板名称	主要功能
处理板	EG16、MP1	处理 GE、E1、通道化 STM-1、ATM STM-1 等信号
业务子卡	MD1、MQ1、CD1、AD1、ASD1	

单板分类	具体单板名称	主要功能
波分类单板	CMR2、CMR4	实现对于粗波分信号的分插复用
接口板	ETFC、EFG2、POD41、D12、D75	接入 FE、GE、POS STM-1/STM-4 和 E1 信号
交叉和时钟处理单元	XCS	完成客户侧和系统侧各类业务的交换，向系统提供标准的系统时钟
主控和通信处理单元	SCA	提供系统与网管的接口
风扇板	FAN	为设备散热
电源板	PIU	接入外部电源和防止设备受异常电源的干扰

OptiX PTN 1900 CXP 处理板与业务子卡、接口板对应关系如表 2-8 所示。

表 2-8　　　　　　　　PTN 1900 CXP 处理板与业务子卡、接口板对应关系

处理板	业务子卡	接口板
CXP	MD1	L75，L12
	AD1，CD1	—
	—	ETFC，EFG2，POD41，

OptiX PTN 3900 MP1 处理母板与业务子卡、接口板对应关系如表 2-9 所示。

表 2-9　　　　　　　　PTN 1900 CXP 处理板与业务子卡、接口板对应关系

处理板	业务子卡	接口板
MP1	MD1，MQ1	L75，L12，D75，D12
	AD1，ASD1，CD1	—

一、ATM/IMA，POS，CPOS，多协议类处理类单板

（1）ATM/IMA，POS，CPOS，多协议类处理类单板命名规则。

ATM/IMA，POS，CPOS，多协议类处理板命名规则如下图 2-10 所示。

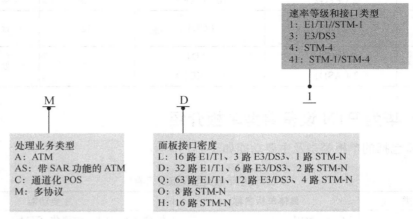

图 2-10　处理类单板命名规则图（ATM/IMA，POS，CPOS，多协议类）

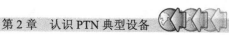

（2）ATM/IMA，POS，CPOS，多协议类处理类单板功能。

ATM/IMA，POS，CPOS，多协议类处理板包括表 2-10 中的单板。下面分别介绍每个单板的功能及信息流。

表 2-10　　　　　　　　处理类单板简介（ATM/IMA，POS，CPOS，多协议类）

名称	单板描述	支持槽位	
		PTN 1900	PTN 3900
MP1	多协议 TDM/IMA/ATM/MLPPP 多接口 E1/STM-1 处理板母板	不支持	1-8，11-18
MD1	多协议 TDM/IMA/ATM/MLPPP 32 路 E1/T1 业务子卡	1-1，1-2，2-1，2-2 配合 CXP	1-5，14-18 配合 MP1
MQ1	多协议 TDM/IMA/ATM/MLPPP 63 路 E1/T1 业务子卡	不支持	1-5，14-18 配合 MP1
CD1	2 路通道化 STM-1 业务子卡	1-1，1-2，2-1，2-2 配合 CXP	1-8，11-18 配合 MP1
AD1	2 路 ATM STM-1 业务子卡	1-1，1-2，2-1，2-2 配合 CXP	1-8，11-18 配合 MP1
ASD1	2 路具备 SAR 功能 ATM STM-1 业务子卡	不支持	1-8，11-18 配合 MP1

① 多协议 E1/STM-1 处理板母板——MP1 介绍如下。

• 提供热插拔业务子卡接口：MD1，MQ1，CD1，AD1，ASD1。

• 接入并处理 CES E1，IMA E1，ML-PPP E1 信号，ATM STM-1，通道化 STM-1 信号。

• 最大接入带宽，满足 1Gbit/s 流量的接入。

• QoS：端口四级优先级队列调度功能。

② 32/63 路 E1 业务子卡——MD1/MQ1 介绍如下。

MD1/MQ1 业务子卡处理 IMA E1，CES E1，ML-PPP E1 信号，配合 CXP（PTN 1900）或 MP1（PTN 3900）处理板母板使用。

IMA 支持 32 个 IMA 组，每组 32 个 E1 链路，实现 ATM 业务到 PWE3 的封装映射。CES 支持 32/63 路 E1 的 CES，每个 CES 对应一个 PW；支持 CESoPSN 和 SAToP 两种 CES 标准。ML-PPP 支持 32/63 个 ML-PPP 组，每组最大支持 16 个链路；实现 MPLS 的 PPP 封装。

MD1 适用于 OptiX PTN 1900/3900 的 CXP 和 MP1 单板，MQ1 只适用于 OptiX PTN 3900 的 MP1 单板。

③ 2 路通道化 STM-1 业务子卡——CD1 介绍如下。

如图 2-11 所示，CD1 业务子卡处理通道化 STM-1 业务，将分组 E1 的数据映射到 VC12 中传输，配合 CXP（PTN 1900）或 MP1（PTN 3900）处理板母板使用。

IMA 支持 64 个 IMA 组，每组 32 个 E1 链路，实现 ATM 业务到 PWE3 的封装映射。CES 支持 126 路 E1 的 CES，每个 CES 对应一个 PW，支持 CESoPSN 和 SAToP 两种 CES 标准。ML-PPP 支持 64 个 ML-PPP 组，每组最大支持 16 个链路，实现 MPLS

的 PPP 封装

2 路通道化 STM-1 业务子卡-CD1 功能特性如下。

光接口支持热插拔（SFP）；具备 2 路通道化 STM-1 业务的线速转发能力；支持 APS 保护的双发和选收功能；ALS 激光器自动关断功能；支持业务内环回和外环回；端口支持自动解环回。

④ 2 路 ATM STM-1 业务子卡——AD1 介绍如下。

如图 2-12 所示，AD1 业务子卡接入 2 路 STM-1 ATM 业务。实现 ATM 业务交换以及 ATM 业务到 PWE3 业务的映射；配合 CXP 或 MP1 处理板母板使用；支持 2 路 STM-1 ATM 业务的快速转发能力；支持 ATM 端口的 UNI/NNI 属性设置；支持 ATM 端口 VPI/VCI 范围设置；支持 ATM 业务的内环回和外环回；支持 CBR、UBR、rt-VBR 和 nrt-VBR 业务。

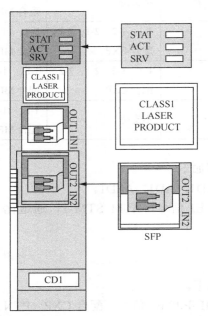

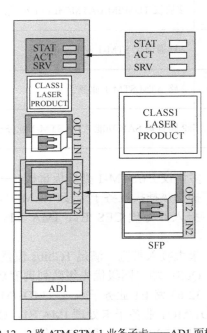

图 2-11　2 路通道化 STM-1 业务子卡-CD1 面板图　　图 2-12　2 路 ATM STM-1 业务子卡——AD1 面板图

2 路 ATM STM-1 业务子卡——AD1 功能特性如下。

光接口支持热插拔（SFP）；支持两个 AD1 间线性 MSP 1+1 保护；支持 APS 保护的双发和选收功能；ALS 激光器自动关断功能。

⑤ 2 路 SAR 功能 ATM STM-1 业务子卡——ASD1 介绍如下。

ASD1 业务子卡接入 2 路 STM-1 ATM 业务。实现 ATM 业务交换以及 ATM 业务到 PWE3 业务的映射；配合 CXP（PTN 1900）或 MP1（PTN 3900）处理板母板使用；支持 2 路 STM-1 ATM 业务的快速转发能力；支持 256 个 ATM SAR 的切片和组包（AAL5）；支持 ATM 端口的 UNI/NNI 属性设置；支持 ATM 端口 VPI/VCI 范围设置；支持 ATM 业务的内环回和外环回；支持 CBR、UBR、rt-VBR 和 nrt-VBR 业务。

CD1/AD1/ASD1 光接口指标如表 2-11 所示。

表 2-11　　　　　　　　　　　　　　CD1/AD1/ASD1 光接口指标表

项目	性能				
标称比特率（kbit/s）	155520				
光接口类型	I-1	S-1.1	L-1.1	L-1.2	Ve-1.2
工作波长（nm）	1260～1360	1261～1360	1263～1360	1480～1580	1480～1580
平均发送光功率（dBm）	−15 ～−8	−15～−8	−5～0	−5～0	−3～0
最小灵敏度（dBm）	−23	−28	−34	−34	−34
最小过载点（dBm）	−8	−8	−10	−10	−10

二、以太网业务处理板处理类单板 EG16

1. 命名规则

以太网业务处理板命名规则如图 2-13 所示。

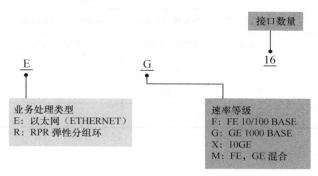

图 2-13　处理类单板命名规则（以太网业务处理板）

如表 2-12 所示，EG16 为双槽位单板，占用子架的 Slots 1～7，11～17 的两个连续槽位。网管上的槽位号体现为两个槽位号中较小的槽位。例如插到 Slot 3、4 槽位时，网管上体现为 Slot 3。

表 2-12　　　　　　　　　　　　处理类单板列表（以太网业务处理板）

名称	单板描述	支持槽位	
		PTN 1900	PTN 3900
EG16	16 路 GbE 以太网处理板	不支持	1～7，11～17

1 块 EG16 最多支持 4 块接口板，Slots 1/2/3/15/16/17 对应四个接口板槽位，Slots 4/14 对应两个接口板槽位。

2. 以太网业务处理板 EG16 功能特性

以太网业务处理板 EG16 功能特性如表 2-13 所示。

表 2-13   EG16 功能特性表

功能特性	描述
接入能力	16 路 GE 信号和 48 路 FE 信号（带接口板）
QoS	层次化 QoS，流队列和端口队列等多级调度
处理能力	全双工 20Gbit/s
线速转发	支持双向 10Gbit/s 全线速收发数据包
APS 保护组	支持 1024 个保护组

3．以太网业务处理板 EG16 光接口指标

以太网业务处理板 EG16 光接口指标如表 2-14 所示。

表 2-14   EG16 光接口指标

项目	性能			
光接口类型	1000BASE-SX	1000BASE-LX	1000BASE-ZX (40km)	1000BASE-ZX (70km)
工作波长（nm）	770～860	1270～1355	1270～1355	1480～1580
平均发送光功率（dBm）	−9.5～0	−9～−3	−2～5	−4～2
最小灵敏度（dBm）	−17	−19	−23	−22
最小过载点（dBm）	0	−3	−3	−3

三、接口类单板

1．TDM 接口类单板

TDM 接口类单板如表 2-15 所示。

表 2-15   TDM 接口类单板列表

名称	单板描述	支持槽位		对应业务处理板	
		PTN 1900	**PTN 3900**		
D12	32 路 120 欧姆 E1/T1 电接口板	不支持	19～26, 31～38	MD1/MQ1	
L12	16 路 120 欧姆 E1/T1 电接口板	3～6	不支持	MD1	
D75	32 路 75 欧姆 E1 电接口板	不支持	19～26, 31～38	MD1/MQ1	
L75	16 路 75 欧姆 E1 电接口板	3～6	不支持	MD1	

L75/L12/D75/D12 功能特性：支持输入输出 16/32 路 E1 信号；支持 75/120 两种接口欧姆；配合 MD1/MQ1 板实现 E1 TPS 保护。

2. 以太网和 POS 接口类单板

表 2-16　　　　　　　　　　　以太网和 POS 接口类单板列表

名称	单板描述	支持槽位		对应业务处理板
		PTN 1900	**PTN 3900**	
ETFC	12 路 FE 电接口板	3～7	19～26, 31～38	CXP/EG16
EFG2	2 路 GE 光接口板	3～7	19～26, 31～38	CXP/EG16
POD41	2 路 622M/155M POS 接口板	3～7	19～26, 31～38	CXP/EG16

说明：对于 OptiX PTN 1900，当 ETFC 板插在 slot 3 时，单板的后 5 个端口不可用。

（1）以太网接口板命名规则

以太网接口板命名规则如图 2-14 所示。

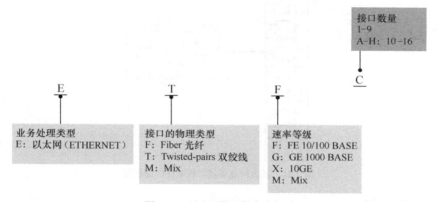

图 2-14　以太网接口板命名规则

（2）POS 接口类单板命名规则

POS 接口板命名规则如图 2-15 所示。

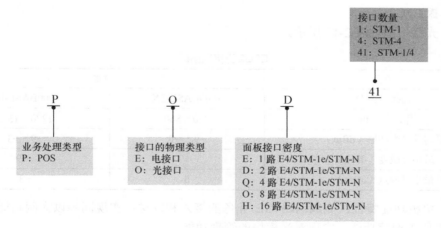

图 2-15　POS 接口板板命名规则

（3）单板的功能及信息流。

• ETFC 单板

ETFC 单板如图 2-16 所示。

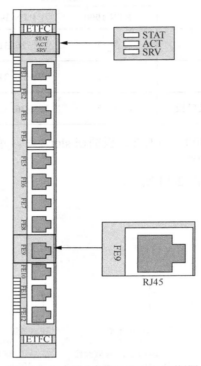

图 2-16　以太网业务接口板 ETFC 面板图

ETFC 功能特性如下。

单板用户侧支持 12 个 FE 接口；单板系统侧支持 2 个 GE 接口；单板为处理板提供 FE 业务的接入；单板系统侧的 GE 接口支持主备选择；单板支持热插拔；单板支持−48V 系统供电。

• 单板 EFG2

EFG2 光接口指如表 2-17 所示。

表 2-17　　　　　　　　　　　　　　　　EFG2 光接口指标

项目	性能	
光接口类型	1000BASE-SX	1000BASE-LX
工作波长（nm）	770～860	1270～1355
平均发送光功率（dBm）	−9.5～0	−9～−3
最小灵敏度（dBm）	−17	−19
最小过载点（dBm）	0	−3

EFG2 单板功能特性：完成两路 GE 业务的接入和发送；实现同步以太网功能；提供温度查询、电压查询等功能；实现对光模块的管理功能。

• 单板 POD41

POD41 单板主要功能和特性如下。

a. 客户侧提供 2 路光接口，STM-1/4 根据需要选择；

b. 系统侧提供 4 路 GE 主备数据接口，支持业务的主备倒换；

c. 支持提取线路侧时钟；

d. 支持端口内环回和外环回；

e. 端口支持自动解环回。

表 2-18 和表 2-19 分别列出了速率为 STM-1 和 STM-4 的 POD41 光接口指标。

表 2-18　　　　　　　　　　　　POD41 光接口指标——STM-1

项目	性能				
标称比特率（kbit/s）	155520				
光接口类型	I-1	S-1.1	L-1.1	L-1.2	Ve-1.2
工作波长（nm）	1260～1360	1261～1360	1263～1360	1480～1580	1480～1580
平均发送光功率（dBm）	−15～−8	−15～−8	−5～0	−5～0	−3～0
最小灵敏度（dBm）	−23	−28	−34	−34	−34
最小过载点（dBm）	−8	−8	−10	−10	−10

表 2-19　　　　　　　　　　　　POD41 光接口指标-STM-4

项目	性能				
标称比特率（kbit/s）	622080				
光接口类型	I-4	S-4.1	L-4.1	L-4.2	Ve-4.2
工作波长（nm）	1260～1360	1274～1356	1280～1335	1480～1580	1480～1580
平均发送光功率（dBm）	−15～−8	−15～−8	−3～2	−3～2	−3～2
最小灵敏度（dBm）	−23	−28	−28	−28	−34
最小过载点（dBm）	−8	−8	−8	−8	−13

四、交叉及系统控制类单板

表 2-20 所示为交叉及系统控制类单板。

表 2-20　　　　　　　　　　　　交叉及系统控制类单板列表

名称	单板描述	支持槽位	
		PTN 1900	PTN 3900
SCA	OptiX PTN 3900 系统控制与辅助处理板	不支持	29，30
XCS	OptiX PTN 3900 普通型交叉时钟板	不支持	9，10
CXP	OptiX PTN 1900 主控、交叉与业务处理合一板	1，2	不支持

1. 系统控制与辅助处理板——SCA

SCA 板主要实现的功能如下。

系统控制功能：即管理和配置单板及网元数据，收集告警及性能数据，处理二层协议数据报文，备份重要数据；

通信功能：LAN Switch 和 HDLC 实现板间通信；

辅助处理功能：监测 PIU 单板状态，监测风扇板状态；

单板 1+1 保护。

SCA 面板包含的接口及每个接口的作用如表 2-21 所示。

表 2-21　　　　　　　　　　　　　　SCA 面板接口

面板接口	接口类型	用途
LAMP1	RJ-45	机柜指示灯输出接口
LAMP2	RJ-45	机柜指示灯级联接口
ETH	RJ-45	10M/100M 自适应的以太网网管接口
EXT	RJ-45	10M/100M 自适应的以太网接口，目前预留，用于与扩展子架之间的通信
ALMO1	RJ-45	2 路告警输出与 2 路告警级联共用接口
ALMI1	RJ-45	1～4 路开关量告警输入接口
ALMI2	RJ-45	5～8 路开关量告警输入接口
F&f	RJ-45	OAM 接口

2. 普通型交叉时钟板——XCS

XCS 功能和特性如下。

① 业务调度功能：完成交叉容量为 160 Gbit/s 分组全交叉，提供逐级反压机制，逐级缓冲信元；

② 时钟功能：跟踪外部时钟源提供系统同步时钟源；

③ 接口功能：75 欧姆时钟输入输出接口，120 欧姆时钟输入输出接口；

④ 单板 1+1 保护。

XCS 指示灯如表 2-22 所示。

表 2-22　　　　　　　　　　　　　　XCS 指示灯

指示灯	颜色	状态	具体描述
同步状态指示灯 SYNC	▬	绿色	时钟工作正常
	▬	红色	时钟源丢失或时钟源倒换
告警切除 ALMC	▭	亮	声音告警被关断清除
		灭	声音告警未被关断清除

3. 主控、交叉与业务处理板——CXP

CXP 单板主要功能特性如下。

① 支持系统控制与通信功能：完成单板及业务配置功能，处理二层协议数据报文，监测 PIU/FAN 单板状态；

② 支持业务处理与调度功能：完成交叉容量为 5Gbit/s 业务调度，提供层次化的 QoS；

③ 支持时钟功能：跟踪外部时钟源提供系统同步时钟源，120 欧姆时钟输入输出接口；

④ 支持 CXP 单板的 1+1 保护；

⑤ 业务子卡 TPS 保护。

CXP 面板接口如表 2-23 所示。

表 2-23　　　　　　　　　　　　　　CXP 面板接口

面板接口	接口类型	用途
CLK1	RJ-45	120 欧姆外时钟输入输出共用接口
CLK2	RJ-45	120 欧姆外时钟输入输出共用接口
ALMO	RJ-45	2 路告警输出与 2 路告警级联共用接口
ALMI	RJ-45	1～4 路开关量告警输入接口
ETH	RJ-45	10M/100M 自适应的以太网网管接口
EXT	RJ-45	10M/100M 自适应的以太网接口，目前预留，用于与扩展子架之间的通信
F&f	RJ-45	OAM 串口
LAMP1	RJ-45	机柜指示灯输出接口
LAMP2	RJ-45	机柜指示灯级联接口

CXP 指示灯如表 2-24 所示。

表 2-24　　　　　　　　　　　　　　CXP 指示灯

指示灯	颜色	状态	具体描述
主控业务激活指示灯 ACTC		亮	主控板处于激活状态，单板工作
		100ms 间隔闪	保护系统中，系统数据库批量备份
		灭	正常情况，业务处于非激活态
交叉业务激活指示灯 ACTX		亮	交叉板处于激活状态，单板工作
		100ms 间隔闪	保护系统中，系统数据库批量备份
		灭	正常情况，业务处于非激活态
同步状态指示灯 SYNC		绿色	时钟工作正常
		红色	时钟源丢失或时钟源倒换

4．电源及风扇类单板

电源及风扇类单板如表 2-25 所示。

表 2-25　　　　　　　　　　　　　　电源及风扇类单板

名称	单板描述	支持槽位	
		PTN 1900	PTN 3900
TN81PIU	OptiX PTN 3900 电源接入单元	不支持	27，28
TN71PIU	OptiX PTN 1900 电源接入单元	8，9	不支持
TN81FAN	OptiX PTN 3900 风扇	不支持	39，40
TN71FANA	OptiX PTN 1900 风扇 A	10	不支持
TN71FANB	OptiX PTN 1900 风扇 B	11	不支持

TN81 为 OptiX PTN 3900 产品单板代号；TN71 为 OptiX PTN 1900 产品单板代号。

（1）TN81PIU

TN81PIU 单板功能特性如下。

① 提供 2 路 -48V 外置单元供电接口，每路为 1728W；

② 提供电源告警的检测和上报，两块 PIU 板可以提供 1+1 热备份；

③ 3.3V 电源集中备份，输出最大功率达 100W；

④ 支持电源防雷和滤波等功能。

（2）TN71PIU 单板

TN71PIU 单板功能特性如下。

① 提供 1 路–48V 外置单元供电接口，每路为 750W，风扇板和接口板提供 12V 电源；

② 提供电源告警的检测和上报；

③ 两块 PIU 板可以提供 1+1 热备份；

④ 支持电源防雷和滤波等功能。

（3）TN81FAN 单板

TN81FAN 单板功能特性如下。

① 保证系统散热；

② 智能调速功能；

③ 提供风扇状态检测功能；

④ 提供风扇告警信息；

⑤ 提供子架告警指示灯。

（4）TN71FANA/B

TN71FANA/B 单板功能特性如下。

① 保证系统散热；

② 智能调速功能；

③ 提供风扇状态检测功能；

④ 提供风扇告警信息；

⑤ 提供子架告警和状态指示灯；

⑥ 提供告警测试和告警切除功能。

2.1.5 设备级保护

PTN 设备级保护类型如表 2-26 所示。

表 2-26 　　　　　　　　　　　　　　PTN 设备级保护类型

保护类型	设备类型	保护机制
E1/T1 业务子卡	OptiX PTN 1900	1∶1 TPS（2 组）
	OptiX PTN 3900	1∶N（N≤4）TPS（2 组）
CXP 处理板保护	OptiX PTN 1900	1+1 保护
XCS 板保护	OptiX PTN 3900	1+1 保护
SCA 板保护	OptiX PTN 3900	1+1 保护
PIU 电源接口板	OptiX PTN 1900/3900	1+1 保护
风扇保护	OptiX PTN 1900/3900	风扇冗余备份

2.2　认识中兴典型设备

如图 2-17 所示，中兴 PTN 系列设备主要有 ZXCTN6100、6110、6200、6300、9004 和 9008 等。其中，ZXCTN 6100/6110 为业界可商用的最紧凑的接入层 PTN 产品，仅 1U 高，适用于基站接入场景；ZXCTN 6200 为业界最紧凑的 10GE PTN 设备，3U 高，既可作为小规模网络中的汇聚边缘设备，也可在大规模网络或全业务场景中作为高端接入层设备，满足发达地区对 10G 接入环的需求。ZXCTN 9008 为业界交换容量最大的 PTN 设备，交换容量达到双向 1.6T，全面满足全业务落地需求。

ZXCTN6100　　ZXCTN6200　　　ZXCTN6300　　　ZXCTN9004　　ZXCTN9008

图 2-17　中兴 PTN 设备系列产品

中兴 PTN 设备系列产品特性如表 2-27 所示。

表 2-27　　　　　　　　　　　中兴 PTN 设备系列产品特性

	ZXCTN6100	ZXCTN6200	ZXCTN6300	ZXCTN9004	ZXCTN9008
交换容量	6G/10G	88G	176G	800G	1.6T
高度	1U	3U	8U	9U	20U
插槽数	2	4	10	16/8/4	32/16/8

2.2.1　常用设备 ZXCTN6110 硬件介绍

一、机架与子框

ZXCTN6110 面板如图 2-18 所示。

图 2-18　ZXCTN6110 面板图

ZXCTN6110 槽位分布如图 2-19 所示。

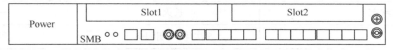

图 2-19　ZXCTN6110 槽位分布图

ZXCTN6110 接口配置如表 2-28 所示。

表 2-28 ZXCTN6110 接口配置

机型	接口	描述	端口密度	
			单板	整机
ZXCTN 6110	GE	光接口：1000BASE-X SFP 接口	4（主板）	4
	FE	电接口：100BASE-TX RJ45 接口	4（主板）	4
		光接口：100BASE-X SFP 接口	4（主板、子卡）	12
	E1	电接口（75 欧或 120 欧）	16（子卡）	32

FAN：内嵌在电源板旁，可无风扇；

POWER：1 个电源槽位；

Solt3：1 个主板槽位；

Solt1～2：2 个扩展业务槽位，不支持 GE 子卡。

二、运行指示灯

SMB 板指示灯状态和运行状态关系如表 2-29 所示。

表 2-29 SMB 板指示灯状态和运行状态关系

运行状态	指示灯状态		
	RUN（绿灯）	MAJ/MIN（红灯）	STA（黄灯）
单板正常运行，无告警	0.5 次/秒周期闪烁	长灭	—
单板正常运行，有告警	0.5 次/秒周期闪烁	长亮	—
时钟锁定（正常跟踪）	—	—	1 次/秒周期闪烁
时钟保持	—	—	长亮
时钟快速捕捉	—	—	5 次/秒周期闪烁
时钟自由振荡	—	—	0.5 次/秒周期闪烁

SMB 板 GE 光接口指示灯和接口状态关系如表 2-30 所示。

表 2-30 SMB 板 GE 光接口指示灯和接口状态关系

运行状态	指示灯状态	
	LA（绿灯）	SD（绿灯）
接口接收光信号（未连接）	长灭	长亮
接口无接收光信号	长灭	长灭
接口处于连接状态	长亮	长亮
接口处于无连接状态	长灭	—
接口收发数据	5 次/秒周期闪烁	长亮

SMB 板 FE 电接口指示灯和接口状态关系如表 2-31 所示。

表 2-31　　　　　　　　　　SMB 板 FE 电接口指示灯和接口状态关系

运行状态	指示灯状态	
	LA（绿灯）	SD（绿灯）
接口处于连接状态	长亮	长亮
接口处于无连接状态	长灭	长灭
接口收发数据	5 次/秒周期闪烁	长亮
接口速率	—	长亮
接口速率	—	长灭

三、常见单板介绍

1．多业务传送处理系统主板 SMC

主板 SMC 是 ZXCTN6110 设备的核心，完成业务的交换、时钟与设备控制。提供 2 路线路侧 GE 光接口，2 路 GE/FE 光接口，2 路 FE 光接口，4 路 FE 电接口。SMC 辅助接口配置如表 2-32 所示。

表 2-32　　　　　　　　　　SMC 辅助接口配置

辅助接口	具体参数	备注
外部告警接口	支持 4 路外部告警输入 + 2 路告警输出	接口物理形式 RJ45
网管接口	支持 1 路网管接口 + 1 路 LCT 接口	接口物理形式 RJ45
时钟接口	1 路 2M BITS/MHz 接口（含收、发）	接口为 75 欧铜轴，120 欧需转接
GPS 接口	1 路 GPS 接口（收或发）	GPS 接口为 RJ45 接口，RS422 电平

2．GPC 1588 时钟板

GPC 1588 时钟板接口配置如图 2-20 所示。

（1）GPS 天线接口，可直接接 GPS 天线馈缆，实现与 GPS 的频率同步和时间同步，从 GPS 获取定时；

（2）1PPS+TOD 时间同步接口，接口电平可配置为 TTL/RS422/RS232；

（3）E 专用接口，支持 1588 报文收发，为网络中其他设备提供定时分配；

（4）2M 时钟输出，满足二级钟性能要求；

（5）1588 V2 频率同步。

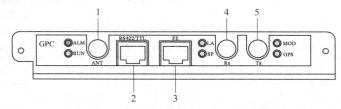

1．GPS 天线接口　2．GPS 时钟和时间接口　3．FE 口　4．时钟 Rx 接口　5．时钟 Tx 接口

图 2-20　GPC 1588 时钟板接口配置

2.2.2　常用设备 ZXCTN6200 介绍

一、机架与子框

ZXCTN6200 设备面板图如图 2-21 所示。

图 2-21　ZXCTN6200 设备面板图

ZXCTN6200 设备槽位分布图如图 2-22 所示。

风扇 Slot 9	电源板 Slot7	Slot1 低速 LIC 板卡 8Gbit/s	Slot2 低速 LIC 板卡 8Gbit/s
		Slot5 交换主控时钟板	
	电源板 Slot8	Slot6 交换主控时钟板	
		Slot3 高速 LIC 板卡 10Gbit/s	Slot4 高速 LIC 板卡 10Gbit/s

图 2-22　ZXCTN6200 设备槽位分布图

ZXCTN6200 设备接口与对应单板类型如表 2-33 所示。

表 2-33　　　　　　　　　　ZXCTN6200 设备接口与对应单板类型

接口类型	ECC 单板名称	网管名称 注 2	单板描述	单板端口密度	备注
E1	E1x16-75 注 1	R16E1F TDM	75 欧姆 16 端口前出线 E1 板	16 E1	端口可分别配置 TDM 或 IMA E1
		R16E1F MLPPP	75 欧姆 16 端口前出线 E1 板	16 E1	支持 MLPPP
	E1x16-120 注 1	R16E1F TDM	120 欧姆 16 端口前出线 E1 板	16 E1	端口可分别配置 TDM 或 IMA E1
		R16E1F MLPPP	120 欧姆 16 端口前出线 E1 板	16 E1	支持 MLPPP
	E1x16B	R16E1B	16 端口后出线 E1 板	处理 16 E1	端口可分别配置 TDM 或 IMA E1，不区分 75 欧姆与 120 欧姆，面板无接口，配合 RE1PI-75/120ohm 使用
	ESE1x32-75	RE1PI	75 欧姆 E1 保护接口板	32 路接口	可配合两块 R16E1B 使用
	ESE1x32-120	RE1PI	120 欧姆 E1 保护接口板	32 路接口	可配合两块 R16E1B 使用
STM-1/4	AS1x4	R4ASB	4 端口 ATM STM-1 板	4（光接口）	
	CS1x4 注 1	R4CSB TDM	4 端口通道化 STM-1 板	4（光接口）	
		R4CSB MLPPP	4 端口通道化 STM-1 板	4（光接口）	
	CS4x1 注 1	R4CSB TDM	1 端口通道化 STM-4 板	1（光接口）	使用第一路光口
		R4CSB MLPPP	1 端口通道化 STM-4 板	1（光接口）	使用第一路光口
GE/FE	EGCx4	R4EGC	4 端口千兆 Combo 板	4	光接口或电接口任意组合
	EGEx8	R8EGE	8 端口千兆电口板	8（电接口）	
	EGFx8	R8EGF	8 端口千兆光口板	8（光接口）	可插 SFP 电模块
10GE	EXGx1	R1EXG	1 端口 10GE 光口板	1（光接口）	

二、常见单板介绍

ZXCTN6200 单板类型如表 2-34 所示。

表 2-34　　　　　　　　　　　ZXCTN6200 单板类型

单板名称	单板描述	6300 槽位	6200 槽位
R16E1F	16 端口前出线 E1 板	低速槽位	高速槽位、低速槽位
R16E1B	16 端口后出线 E1 板	低速槽位	高速槽位、低速槽位
RE1PI	E1 保护板	1/2	—
R4ASB	4 端口 ATM STM-1 板	低速槽位	高速槽位、低速槽位
R4CSB	4 端口通道化 STM-1 板	低速槽位	高速槽位、低速槽位
R4EGC	4 端口增强千兆 Combo 板	低速槽位	高速槽位、低速槽位
R8EGE	8 端口增强千兆电口板	低速槽位	高速槽位*、低速槽位
R8EGF	8 端口增强千兆光口板	低速槽位	高速槽位*、低速槽位
R1EXG	1 端口增强 10GE 光口板	高速槽位	高速槽位
RSCCU3	主控交换时钟单元板	13、14	—
RSCCU2	主控交换时钟单元板	—	5、6

注意：6200 与 6300 的业务板可兼容；

6200 高速槽位可兼容低速单板；

6300 高低速槽位只能相应单板插入；

在高速槽位时，仅 1～4 端口有效。

1. RSCCU2/RSCCU3

RSCCU2/RSCCU3 板面板如图 2-23 所示。

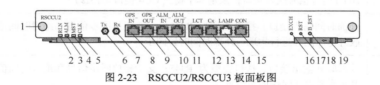

图 2-23　RSCCU2/RSCCU3 板面板图

图中编号对应的接口与按钮如下。

1. 松不脱螺钉
2. 单板运行指示灯
3. 单板告警指示灯
4. 单板主备指示灯 MST
5. 时钟运行状态指示灯 CLK
6. BITS 接口 Tx
7. BITS 接口 Rx
8. 时间接口 GPS_IN
9. 时间接口 GPS_OUT
10. 告警输入接口 ALM_IN
11. 告警输出接口 ALM_OUT
12. 本地维护终端接口 LCT
13. 网管接口 Qx
14. 设备运行指示灯接口 LAMP
15. 设备调试接口 CON
16. 单板强制倒换按钮 EXCH
17. 单板复位按钮 RST
18. 截铃按钮 B_RST
19. 扳手

RSCCU2/RSCCU3 板指示灯如表 2-35 所示。

表 2-35　　　　　　　　　　　　RSCCU2/RSCCU3 板指示灯

运行状态	指示灯状态			
	RUN（绿灯）	ALM（红灯）	MST（绿灯）	CLK（绿灯）
单板正常运行，无告警	0.5 次/秒周期闪烁	长灭	—	—
单板正常运行，有告警	0.5 次/秒周期闪烁	0.5 次/秒周期闪烁或长亮	—	—
单板正常运行，主备同步数据（备用板）	0.5 次/秒周期闪烁	长亮	—	—
主用 RSCCU2/RSCCU3 板	—	—	长亮	—
备用 RSCCU2/RSCCU3 板	—	—	长灭	—
时钟锁定（正常跟踪）	—	—	—	1 次/秒周期闪烁
时钟保持	—	—	—	长亮
时钟快速捕捉	—	—	—	5 次/秒周期闪烁
时钟自由振荡	—	—	—	0.5 次/秒周期闪烁

运行指示灯	RUN	绿色灯，单板正常运行指示灯
	ALM	红色灯，单板告警指示灯
	MST	绿色灯，单板主备指示灯
	CLK	绿色灯，时钟运行状态指示灯
接口	BITS（Tx）	BITS 时钟信号发送接口，采用非平衡式 CC4 接口（75Ω）
	BITS（Rx）	BITS 时钟信号接收接口，采用非平衡式 CC4 接口（75Ω）
	GPS_IN	外部时间输入接口，接口类型为 RJ45；支持相位同步信息和绝对时间值的输入，用于接收外部时间并进行本地与外部时间时钟同步
	GPS_OUT	外部时间输出接口，接口类型为 RJ45；支持相位同步信息和绝对时间值的输出，用于向其他设备发送时钟同步信息
	ALM_IN	告警输入接口，接口类型为 RJ45；支持 4 路外部告警信号输入，用于接收其他设备传递过来的告警信息
	ALM_OUT	告警输出接口，接口类型为 RJ45；支持 3 路告警输出，用于发送本机产生的告警到其他设备
	LCT	本地维护终端接口，接口类型为 RJ45；用于以太网远程登录管理设备
	Qx	网管接口，接口类型为 RJ45；用于连接中兴网管系统
	LAMP	设备运行指示灯接口，接口类型为 RJ45；用于连接机柜、列头柜等告警指示灯
	CON	设备调试接口，接口类型为 RJ45；用于系统的基本配置和维护

续表

运行状态		指示灯状态			
		RUN（绿灯）	ALM（红灯）	MST（绿灯）	CLK（绿灯）
组件	EXCH	按压该按钮，可以强制倒换主控交换时钟单元板			
	RST	按压该按钮，可以复位主控交换时钟单元板			
	B_RST	告警截铃开关，设备告警振铃时，如按住时间小于 2s，终止当前告警响铃；如按住时间大于 2s，设备进入永久截铃状态；在设备处于永久截铃状态时，再按下截铃按钮，解除设备永久截铃状态			
	松不脱螺钉	将单板紧固在子架槽位上			
	扳手	方便插拔单板，并将单板紧扣在子架槽位上			

2. R4EGC 单板

R4EGC 单板面板图如图 2-24 所示。

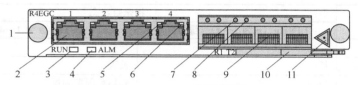

图 2-24　R4EGC 单板面板图

图中编号对应的接口与按钮如下。

1．松不脱螺钉
2．GE 以太网电接口
3．单板运行指示灯
4．单板告警指示灯

5．GE 以太网电接口 ACT 指示灯
6．GE 以太网电接口 LINK 指示灯
7．GE 以太网光接口 ACT 指示灯
8．GE 以太网光接口 LINK 指示灯

9．GE 以太网光接口
10．扳手
11．激光警告标识

R4EGC 单板面板说明如表 2-36 所示。

表 2-36　　　　　　　　　　　　　R4EGC 单板面板说明

单板名称		4 路增强型千兆 Combo 板	
面板标识		R4EGC	
运行指示灯	RUN	绿色灯，单板正常运行指示灯	
	ALM	红色灯，单板告警指示灯	
接口	GE（电）	4 路 GE 以太网电接口，采用 RJ45 插座	
	GE（光）	4 路 GE 以太网光接口，采用可插拔的 SFP 光模块	
接口指示灯	ACT（电）	黄色灯，指示电接口的 ACTIVE 状态	
	LINK（电）	绿色灯，指示电接口的 LINK 状态	
	ACT（光）	绿色灯，指示光接口的 ACTIVE 状态	
	LINK（光）	绿色灯，指示光接口的 LINK 状态	
组件	松不脱螺钉	将单板紧固在子架槽位上	
	扳手	方便插拔单板，并将单板紧扣在子架槽位上	
激光警告标识		提示操作人员，插拔尾纤时，不要直视光接口，以免灼伤眼睛	
运行状态		指示灯状态	
		RUN（绿灯）	ALM（红灯）
单板正常运行，无告警		0.5 次/秒周期闪烁	长灭
单板正常运行，有告警		0.5 次/秒周期闪烁	0.5 次/秒周期闪烁或长亮

GE 光接口指示灯和接口状态的对应关系如表 2-37 所示。

表 2-37　　　　　　　　　　GE 光接口指示灯和接口状态的对应关系

运行状态	指示灯状态	
	LINKn（*n* 为 1~4）（绿灯）	**ACTn**（*n* 为 1~4）（绿灯）
接口接收光信号（未连接）	长亮	长灭
接口无接收光信号	长灭	长灭
接口处于连接状态	长亮	长亮
接口处于无连接状态	—	长灭
接口收发数据	长亮	5 次/秒周期闪烁

R4EGC 板 GE 光接口指示灯和接口状态关系如表 2-38 所示。

表 2-38　　　　　　　　　R4EGC 板 GE 光接口指示灯和接口状态关系

运行状态	指示灯状态	
	LINKn（*n* 为 1~4）（绿灯）	**ACTn**（*n* 为 1~4）（黄灯）
接口处于连接状态	长亮	长亮
接口处于无连接状态	长灭	长灭
接口收发数据	长亮	5 次/秒周期闪烁

3．R8EGE 单板

R8EGE 单板面板说明如图 2-25 所示。

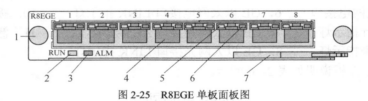

图 2-25　R8EGE 单板面板图

图中编号对应的接口与按钮如下。

1．松不脱螺钉　　　4．GE 以太网电接口　　　6．GE 以太网电接口 LINK 指示灯

2．单板运行指示灯　5．GE 以太网接口 ACT 指示灯　　7．扳手

3．单板告警指示灯

R8EGE 单板面板说明如表 2-39 所示。

表 2-39　　　　　　　　　　　　　　R8EGE 单板面板说明

单板名称		**8 路增强型千兆电口板**
面板标识		R8EGE
运行指示灯	RUN	绿色灯，单板正常运行指示灯
	ALM	红色灯，单板告警指示灯
接口	GE	8 路 GE 以太网电接口，采用 RJ45 插座
接口指示灯	ACT	黄色灯，指示电接口的 ACTIVE 状态
	LINK	绿色灯，指示电接口的 LINK 状态
组件	松不脱螺钉	将单板紧固在子架槽位上
	扳手	方便插拔单板，并将单板紧扣在子架槽位上

R8EGE 的指示灯状态和运行状态的对应关系如表 2-40 所示。

表 2-40　　　　　　　　　　R8EGE 的指示灯状态和运行状态的对应关系

运行状态	指示灯状态	
	RUN（绿灯）	ALM（红灯）
单板正常运行，无告警	0.5 次/秒周期闪烁	长灭
单板正常运行，有告警	0.5 次/秒周期闪烁	0.5 次/秒周期闪烁或长亮

GE 电接口指示灯和接口状态的对应关系如表 2-41 所示。

表 2-41　　　　　　　　　　GE 电接口指示灯和接口状态的对应关系

运行状态	指示灯状态	
	LINKn（n 为 1～8）（绿灯）	ACTn（n 为 1～8）（黄灯）
接口处于连接状态	长亮	长亮
接口处于无连接状态	长灭	长灭
接口收发数据	长亮	5 次/秒周期闪烁

4. R1EXG 单板

R1EXG 单板面板图如图 2-26 所示。

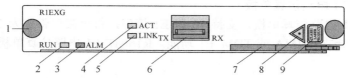

图 2-26　R1EXG 单板面板图

图中编号对应的接口与按钮如下。

1. 松不脱螺钉　　　　4. 10GE 以太网光接口 ACT 指示灯　　7. 扳手
2. 单板运行指示灯　　5. 10GE 以太网光接口 LINK 指示灯　　8. 激光告警标识
3. 单板告警指示灯　　6. 10GE 以太网光接口　　　　　　　　9. 激光等级标识

R1EXG 单板面板说明如表 2-42 所示。

表 2-42　　　　　　　　　　R1EXG 单板面板说明

单板名称		1 路增强型 10GE 光口板
面板标识		R1EXG
运行指示灯	RUN	绿色灯，单板正常运行指示灯
	ALM	红色灯，单板告警指示灯
接口	10GE	1 路 GE 以太网光接口，采用可插拔的 XFP 光模块
接口指示灯	ACT	绿色灯，指示光接口的 ACTIVE 状态
	LINK	绿色灯，指示光接口的 LINK 状态
组件	松不脱螺钉	将单板紧固在子架槽位上
	扳手	方便插拔单板，并将单板紧扣在子架槽位上
激光警告标识		提示操作人员，插拔尾纤时，不要直视光接口，以免灼伤眼睛
激光等级标识		指示 R1EXG 单板的激光等级为 CLASS1

R1EXG 的指示灯状态和运行状态的对应关系如表 2-43 所示。

表 2-43　　　　　　　　　　　R1EXG 的指示灯状态和运行状态的对应关系

运行状态	指示灯状态	
	RUN（绿灯）	**ALM（红灯）**
单板正常运行，无告警	0.5 次/秒周期闪烁	长灭
单板正常运行，有告警	0.5 次/秒周期闪烁	0.5 次/秒周期闪烁或长亮

10GE 光接口指示灯和接口状态的对应关系如表 2-44 所示。

表 2-44　　　　　　　　　　10GE 光接口指示灯和接口状态的对应关系

运行状态	指示灯状态	
	LINKn（*n* 为 1~8）（绿灯）	**ACTn（*n* 为 1~8）（绿灯）**
接口接收光信号（未连接）	长亮	长灭
接口无接收光信号	长灭	长灭
接口处于连接状态	长亮	长亮
接口处于无连接状态	—	长灭
接口收发数据	长亮	5 次/秒周期闪烁

5．R16E1F-E1 电路仿真单板

R16E1F 是 E1 电路仿真单板，支持 16 路 E1 接口，每个接口带宽为 2.048Mbit/s，可以基于每 E1 接口选择支持 IMA 或 TDM E1 功能。R16E1F-E1 电路仿真单板如图 2-27 所示。支持功能如下。

图 2-27　R16E1F-E1 单板面板图

① 每路 E1 接口的业务工作方式可配置为 TDM E1、IMA E1。

② 通过下载 MLPPP 软件，支持 MLPPP 功能。

③ 支持 E1 接口成帧功能和成帧检测功能。

④ 所有 E1 接口支持告警和性能的上报，上报的性能信息包括：ES、SES、UAS、再定时负滑帧计数、接口编码违例计数（CV）、连续严重误码秒计数、再定时正滑帧计数、FAS 错误帧数、CRC 错误数。

⑤ 支持 TDM E1 和 IMA E1 业务恢复重组时，选择自适应时钟恢复方式和再定时方式。

⑥ E1 接口业务工作在 CES 方式时，支持结构化和非结构化的 TDM E1 业务。

⑦ 支持 TDM 业务使用 PWE3 和 AAL1 封装和解封装　支持自适应时钟恢复和 CES 输出时钟漂移控制。

⑧ E1 接口发送时钟支持网络时钟、自适应时钟方式。

R16E1F-E1 单板面板说明如表 2-45 所示。

表 2-45 R16E1F-E1 单板面板说明

指示灯	RUN	**绿色灯，单板正常运行指示灯**
	ALM	红色灯，单板告警指示灯
接口	E1 电接口（1～8 路）	第 1～8 路 E1 电接口，接口插座类型为 50 芯弯式 PCB 焊接插座（针式孔）
	E1 电接口（9～16 路）	第 9～16 路 E1 电接口，接口插座类型为 50 芯弯式 PCB 焊接插座（针式孔）
组件	松不脱螺钉	将单板紧固在子架槽位上
	扳手	方便插拔单板，并将单板紧扣在子架槽位上

R16E1F-E1 单板指示灯如表 2-46 所示。

表 2-46 R16E1F-E1 单板指示灯

运行状态	指示灯状态	
	RUN（绿灯）	ALM（红灯）
单板正常运行，无告警	0.5 次/秒周期闪烁	常灭
单板正常运行，有告警	0.5 次/秒周期闪烁	常亮

R16E1F-E1 电路仿真单板面板图如图 2-28 所示。

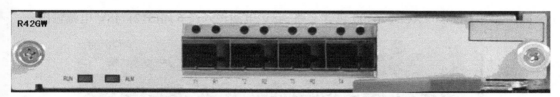

图 2-28 R16E1F-E1 电路仿真单板面板图

R16E1F-E1 电路仿真单板主要功能特性如下。

① SDH 网关板提供 STM-1 或 STM-4 接口，同时支持 6200 和 6300 系统。

在 6200 系统中，线卡槽位 Slot 1～4 都可以支持 SDH 网关板；在 6300 系统中，低速线卡槽位 Slot 1～6 可以支持 SDH 网关板，而高速线卡槽位不支持。

② 支持 TDM E1 业务接入和 EOS（Ethernet Over SDH）业务接入。

③ 使用 VC12、VC3 和 VC4 通道承载 PTN 分组业务，业务成帧方式采用 GFP-F 协议。

④ 支持时钟同步，但不支持时间同步，支持网元管理信息互通。

⑤ 支持两类 SDH 网关单板：R42GW or R42CPS，对应不同场景。

R16E1F-E1 电路仿真单板面板说明如表 2-47 所示。

表 2-47 R16E1F-E1 电路仿真单板面板说明

单板名称	**4 路通道化 STM-1 板**	
面板标识	R4CSB	
运行指示灯	RUN	绿色灯，单板正常运行指示灯
	ALM	红色灯，单板告警指示灯
接口	STM-1 光接口	4 路 STM-1 光接口，采用可插拔的 SFP 光模块

续表

接口指示灯	Tn	绿色灯，发光口指示灯，n=1～4
	Rn	绿色灯，收光口指示灯，n=1～4
组件	松不脱螺钉	将单板紧固在子架槽位上
	扳手	方便插拔单板，并将单板紧扣在子架槽位上
激光警告标识		提示操作人员，插拔尾纤时，不要直视光接口，以免灼伤眼睛
激光等级标识		指示 R4CSB 单板的激光等级为 CLASS1

表 2-48 　　　　　　　　　　　R16E1F-E1 电路仿真单板指示灯

运行状态	指示灯状态	
	RUN（绿灯）	ALM（红灯）
单板正常运行，无告警	0.5 次/秒周期闪烁	长灭
单板正常运行，有告警	0.5 次/秒周期闪烁	长亮

2.2.3　ZXCTN6300 设备介绍

如图 2-29 所示，ZXCTN 6300 包含 2 路–48V 电源输入及 6 路(3*2)–48V 电源输出。

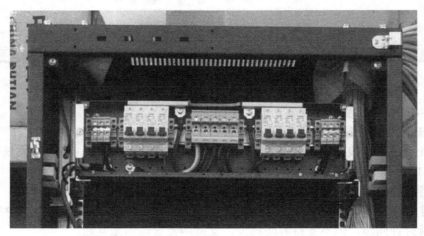

图 2-29　ZXCTN6300 设备电源插箱

如图 2-30 所示，ZXCTN 6300 主要定位于网络汇聚层，提供设备级关键单元冗余保护，包括电源板、主控、交换、时钟板 1＋1 保护及 TPS 保护等。其板卡位置图如图 2-31所示。

ZXCTN 6300 有三种机柜，2m 高机柜、2.2m 高机柜、2.6m 高机柜。

ZXCTN 6300 支持机柜的后安装，ZXCTN 6200 支持机柜的后安装、前安装及单独的壁挂安装。

 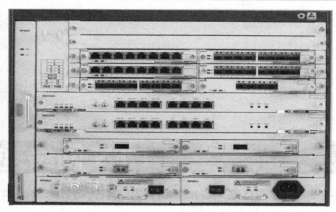

图 2-30 ZXCTN6300 设备实物图

风扇 Slot17	Slot1 E1保护接口板	
	Slot2 E1保护接口板	
	Slot3 接口板卡 8Gbit/s	Slot4 接口板卡 8Gbit/s
	Slot5 接口板卡 8Gbit/s	Slot6 接口板卡 8Gbit/s
	Slot7 接口板卡 8Gbit/s	Slot8 接口板卡 8Gbit/s
	Slot13 交换主控时钟板卡	
	Slot14 交换主控时钟板卡	
	Slot9 接口板卡 10Gbit/s	Slot10 接口板卡 10Gbit/s
	Slot11 接口板卡 10Gbit/s	Slot12 接口板卡 10Gbit/s
	Slot15 电源板	Slot16 电源板

图 2-31 ZXCTN6300 设备板卡位置示意图

 ## 习题

1．简介 OptiX PTN 硬件系统组成。

2．ETSI 600 机柜最多可安装＿＿＿＿＿＿＿个 OptiX 1900 子架或者＿＿＿＿＿＿＿个 OptiX 3900 子架。

3．简单介绍 PTN 设单板类型及主要功能。

4．华为 OptiX PTN 3900 和 1900 的业务交换能力分别为＿＿＿＿＿＿＿和＿＿＿＿＿＿＿。

5．对于 OptiX PTN 3900 子架，共有＿＿＿＿＿＿＿个业务处理板槽位，对应是 Slot＿＿＿＿＿＿＿。一共有＿＿＿＿＿＿＿个接入槽位，对应是 Slot1＿＿＿＿＿＿＿，每个处理槽位对应＿＿＿＿＿＿＿个接入口槽位。

6．多协议 E1/STM-1 处理板母板——MP1 可接入并处理哪些信号？

7．简单介绍多协议 E1/STM-1 处理板母板 MP1 的信号流及各个模块的功能。

8．简介 POS 接口类单板命名规则。

9．简介中兴 PTN 产品种类及其应用。

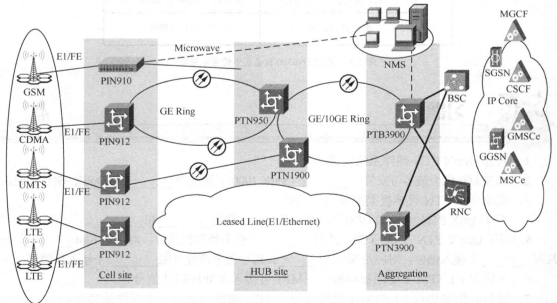

第 3 章

PTN 网络规划与配置

本章主要介绍 PTN 网络规划与配置原则与流程。通过本章的学习，应掌握以下内容。

- 了解 PTN 组网应用与建设策略。
- 了解 PTN 网络规划基本原则。
- 掌握 PTN 的业务规划原则。
- 掌握 PTN 网络配置流程和规范。

3.1　PTN 网络应用与建设

3.1.1　PTN 组网应用

PTN 通过综合 IP、MPLS 和光传输技术优势，通过各技术的融合来实现网络扁平化的目的，其基本特征是通过提供点到点的 L2 隧道，可以广泛用于城域传送网和宽带接入网的二层汇聚网络以及 3G 基站到 RNC 的基站回传段，如图 3-1 所示。

图 3-1　PTN 典型网络应用

PTN 技术在网络规划与建设方面与传统的 SDH/MSTP 在物理构架上类似，同样分为核心层、汇聚层和接入层，可组织环网、链型网、网状网等。

根据网络的规模不同，分别按照中小型城域网和大型城域网制定组网模型。

大型城市：接入节点数量较大，业务量大，网络结构复杂，层次多。

中型城市：接入节点数量适中，业务量较大，网络结构较复杂。

小型城市：接入节点数量较小，业务量小，网络结构简单，层次一般只有两层。

对于中小城域网，接入层采用 GE 组环，汇聚层采用 10GE 组环，由于业务量相对较小，因此在核心层仍可采用 10GE 组环。

对于大中城域网，接入层采用 GE 组环，汇聚层采用 10GE 组环，由于业务量相对较大，在汇聚层的 10GE 环容量已经很满，如果在核心层仍采用 10GE 组环，则无法对带宽进行收敛，在此情况下，可建设成直达方式，组成网状网。另外，在业务终端节点同样需配置 PTN 设备，一方面实现对业务的端到端管理，另一方面可识别 3G 基站的标识，将相应的业务配置到对应的 LSP 通道中。核心层负责提供核心节点间的局间中继电路，并负责各种业务的调度，核心层应该具有大容量的业务调度能力和多业务传送能力。可采用 10GE 组环，节点数量 2～6 个，也可采用 Mesh 组网。

汇聚层负责一定区域内各种业务的汇聚与疏导，汇聚层应具有较大的业务汇聚能力和多业务传送能力。采用 10GE 组环，节点数量宜在 4～8 个。

接入层应具有灵活、快速的多业务接入能力。采用 GE 组环，对于 PTN，为了安全起见，节点数量不应超过 15 个，对于 IP RAN，不应多于 10 个。

移动回传 Backhaul 网络的典型应用如图 3-2 所示。

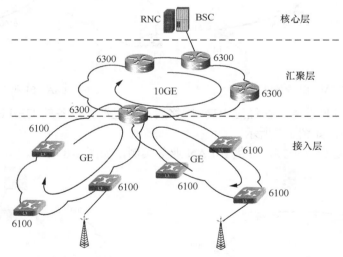

图 3-2　移动 Backhaul 网络

3.1.2　PTN 网络的业务定位

PTN 网络主要承载高价值的以太网类分组化电路业务，例如 2G、3G、LTE 业务，还有重要的集团客户业务。

城域传送网主要为各类移动通信网络提供无线业务的回传与调度，在核心、汇聚层可以承载于 WDM 网络上，作为 WDM 传送网的客户层。另外，PTN 一方面为重要集团客户提供 VPL/VPLS 业务的传送与调度，也可以与 SR 配合，为重要的集团客户提供 VPN、固定宽带等业务的传送与接入；另一方面，还可以为普通集团客户与家庭客户提供各类业务的汇聚与传送。具体包含以下 4 个方面。

（1）3G/HSPA 移动通信系统基站回传；

（2）GSM/GPRS 移动通信系统基站回传；

（3）重要集团客户接入（近期包括普通集团客户与家庭客户的 OLT 上联）；

（4）LTE 移动通信系统基站回传。

根据 PTN 网络用户接入方式不同，具体业务可以分为以下四种。

从基站传入的 TDM E1 业务，在经过 PTN 网络后，通过汇聚设备的 Ch.STM-1 接口落地，如图 3-3 所示。

从基站传入的 IMA E1 业务，在经过 PTN 网络后，通过汇聚设备的 ATM STM-1 接口落地，如图 3-4 所示。

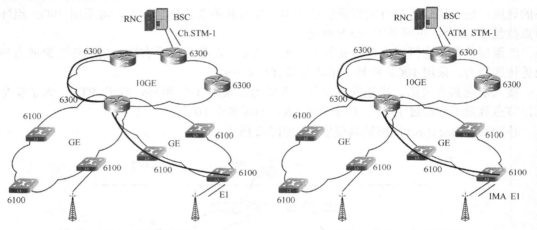

图 3-3　TDM　E1 业务应用　　　　　　　图 3-4　IMA　E1 业务应用

从基站传入的 FE 业务，在经过 PTN 网络后，通过汇聚设备的 GE/FE 接口落地，提供标准的 E-Line 业务，如图 3-5 所示。

通过节点间隧道建立连接，提供 E-LAN 业务实例，如图 3-6 所示。

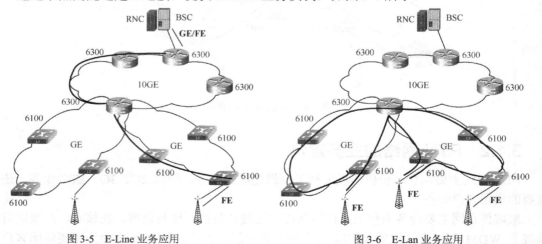

图 3-5　E-Line 业务应用　　　　　　　图 3-6　E-Lan 业务应用

3.1.3　PTN 建网思路

一、阶段一（3G 推进期）

在 3G 推进期，PTN 建网思路如图 3-7 所示。

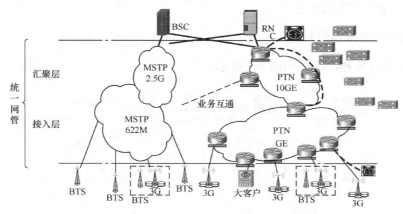

图 3-7　在 3G 推进期 PTN 建网思路

随着基站 IP 化的推进和业务带宽的增加，在热点地区（CBD 集中地区、密集的高尚社区等）进行 PTN 端到端组网。

新增 3G 业务及大客户承载在新建的 PTN 网络上，并逐渐将在 MSTP 网络上承载的 3G 业务和专线业务割接到 PTN 网络上。

随着 3G 业务 IP 化和带宽增长从热点地区向一般边缘地区扩散，配套的 PTN 网络不断扩张并逐步完成广覆盖和深覆盖，形成事实上的 PTN 承载平面。这是一个长期的过程，所以并不是一上来就新建一个完全独立的 PTN 平面。

MSTP 网络与 PTN 网络并存，MSTP 网络主要承载传统 2G 业务。

二、阶段二（3G 成熟期）

在 3G 成熟期 PTN 建网思路如图 3-8 所示。

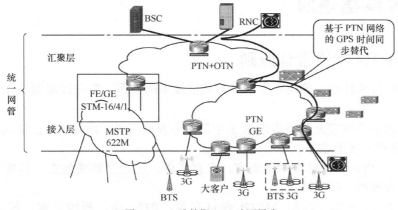

图 3-8　3G 成熟期 PTN 建网思路

由于节点数量相对较少，汇聚层 PTN 网络必然首先满足统一承载要求，并与 OTN 网络配合实现汇聚层统一承载，这必然促使 PTN 首先在汇聚层替换 MSTP。

随着 2G 基站的逐步 IP 化和传统语音业务的萎缩，在条件成熟地区将原本接入 MSTP 网络的业务割接到 PTN 网络上来承载。汇聚 MSTP 被 PTN 替代后，接入层 MSTP 网络与汇聚层 PTN 网络组网实现业务传送。

通过 PTN 网络实现 GPS 替代。

三、阶段三（未来演进）

未来演进期 PTN 建网思路如图 3-9 所示。

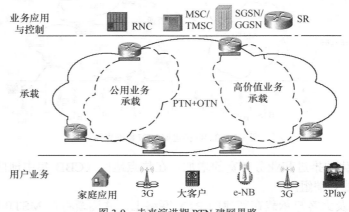

图 3-9　未来演进期 PTN 建网思路

传统 2G 业务萎缩并逐渐退出，网络业务全面分组化，接入层 PTN 完成对 MSTP 的事实替代。

控制层协议引入进一步增强了网络扩展性，网络组网趋于扁平化、MESH 化、网络智能化。

QoS 控制不断精细化。为实现最优的网络投资回报比，在接入层形成高价值业务承载平面和公众业务承载平面（基于物理或逻辑划分）。

3.2　PTN 网络规划

3.2.1　PTN 网络设计原则

根据 PTN 技术特点、应用定位以及与其他技术的关系，在进行规划设计时，需要考虑以下建网原则。

（1）网络规划需求需充分考虑未来 3 年的业务发展需求，网络建设能够满足后期 3G 基站和 2G 基站的统一承载需求。

（2）PTN 的引入和演进需因地制宜、全盘考虑，应采用新建为主，其他方式补充，确保网络建设的合理性、经济性。

（3）MSTP 与 PTN 共存，MSTP 保持存量，PTN 满足新增需求。城域网接入层面

MSTP 与 PTN 网络长期共存。其中 MSTP 主要承载 TDM 业务，PTN 主要承载分组业务。在网络演进期间，业务流向可能会跨不同网络。

（4）不同地方采用不同建设方案。发达省份或地市：3G 为建设主力需求，可以全网新建 PTN，避免业务量的激增导致网络频繁扩容和改造。不发达省份或地市：业务量需求相对较小，短期内仍有少量 TDM 需求，此时建议以 PTN 为主，扩容少量 MSTP 网络。在满足业务的同时，适当考虑远期需求。为了便于管理、维护、简化网络，建议 MSTP 与 PTN 单独组网，尽量避免业务流向跨越不同网络。建设时，核心层、汇聚层应先行，接入层根据需求进行建设。

总之 PTN 的网络设计需主要关注流量规划、网络可靠性设计、业务的承载和规划、VLAN 的规划等多方面因素，因此，与传统的传送网相比，PTN 的引入对网络的规划与建设方面已经发生很大变化，但随着业务网的发展变化，网络的演进和变革是不可逆转的趋势，分组化的城域传送网技术会随着 IP 化业务的发展而不断发展和演进。

3.2.2　PTN 的业务流量规划

业务传送时流量规划的目的是：规划环路的节点数量；规划业务路由的走向；规划工作保护路径。

业务流量规划需要了解所承载业务的类型，以及承载业务对传送的需求，主要涉及业务报文格式、业务带宽、业务量。分析业务需求，网络部署前明确哪些业务将作为被承载的主体业务，建网要预留哪些后续业务的接入和传送的能力。

在设备的硬件配置上建议考虑如下因素。

（1）根据时间维度考虑设备的可用业务槽位资源（为考虑网络的可扩展性，建议对设备槽位和交换容量等开展一定预留）；

（2）合理配置业务处理办板和业务接入板的配合关系；

（3）根据保护的需求对业务板位等考虑保护关系和硬件冗余；

（4）根据传输距离等合理选择接口类型。

一、PTN 的业务特点和容量分析规划

1．业务模型规划

PTN 网络面对的业务模型及其带宽需求规划如下。

2G：4～20Mbit/s；

3G：20～100Mbit/s；

重要集团客户：30～100Mbit/s。

采用分组化城域传送网承载的业务带宽估算如表 3-1 所示，可根据实际需求进行规划。

表 3-1　　　　　　　　　　　　　　　PTN 的业务流量规划

业务类型	收敛比	峰值带宽	实际估算带宽	备注
2G 基站	1：1	20Mbit/s	20Mbit/s	室外站：900MHz/1800MHz 各 36 载频 室内战：900MHz/12 载频
3G 基站	1：1	100Mbit/s	67Mbit/s	A、B、C 频段满配，开通 HSDPA
重要集团客户	1：1	100Mbit/s	100Mbit/s	

2. PTN 网络容量分析

接入层为 GE，核心汇聚层为 10GE，在配置为 1∶1 保护时，资源利用率为 50%。

报文的封装效率：报文与开销的比例越大，报文的平均长度越长，传输效率越高。考虑各种封装，有效带宽约为 80%，如果采用 OAM 等管理开销，链路有效传输效率一般按照 70% 计算。

基本的流量规划沿用以前 MSTP 的方式：定义每条业务和承载管道的 CIR/PIR；物理管道作为最大承载能力（可设置网络中每跳的最大负荷，如不超过链路带宽的 80%）；业务管道的 CIR 为固定带宽。

3. PTN 网络容量的分层规划

考虑统计复用和保护方式的改变带来的变化，必须使用分层规划的方法。

接入环容量分析：按照接入节点的实际上传容量（n Mbit/s）、未来扩容预期指数（a）、800M 的环网带宽（1G×80%）容量限制，来规划接入环节点数量（800/（$n×a$））。

核心汇聚环容量分析：在双节点互联的情况下，一般将接入环流量平均分配在两个核心、汇聚节点上，避免接入环节点故障时接入环所有业务都发生倒换。汇聚环一般为 10GE 环网，按每个接入环 800M 计算，汇聚节点交叉容量应能够满足接入环数量 $n×800M+$线路交叉容量。

在汇聚层进行复杂组网时，流量选择路由较多，规划时应考虑以下因素。

各接入环域业务流量就近接入，在向上层传送时按照各节点分流的方式，应避免过多业务路径经过同一中间汇聚节点，避免保护路径和主用路径在中间某一节点相交。

统计每一条业务管道的 CIR，逐跳验证每个物理连接在正常情况和保护倒换方式下的带宽使用情况。

4. PTN 业务区分与分类思路

3G 的 IP RAN 要求下层的 PTN 网络具有 VLAN 规划功能，因为 3G 网络 Iub 接口 IP 化后，需采用 VLAN 对基站进行隔离。

RNC 具备 VLAN 汇聚及标签处理能力，以减少 RAN Iub 口 IP 地址配置数量。

每个 Node B 规划两个连续的 VLAN ID，目前原则上安排一个 VLAN 号，预留一个 VLAN 号。VLAN 号从 2 开始，按照由低到高进行规划，不同的 RNC 下的 Node B VLAN 号允许重叠，与业务网协商进行规划；RNC 支持 IP 对每个基站分配一个独立的 VLAN，VLAN 的 Pri 域映射了业务的优先级；RNC 按照端口为每个基站分配唯一的标识 VLAN ID，RNC 下不同的端口允许 VLAN 重号。

PTN/IPRAN 设备识别报文的 VLAN，并映射进路径，VLAN 的优先级对应于通道（PW）的 EXP 域，在 PTN/IPRAN 网络中，不同优先级就是不同业务，对 PW 中的不同优先级采用不同的带宽控制策略。

采用 E-Line 业务进行业务传送，每基站配置一条路径，每路径一条通道（PW），通过通道的优先级区分业务，对不同业务采用不同的带宽控制策略。

二、物理链路规划

1. 物理链路类型

PTN 网络的物理链路类型如图 3-10 所示。

PTN 设备的链路类型包括 E1、cSTM-1、STM-1、FE、GE 链路、10GE 链路；

无线基站的链路类型包括 E1、FE；

无线基站控制器的链路类型包括 cSTM-1、STM-1、GE。

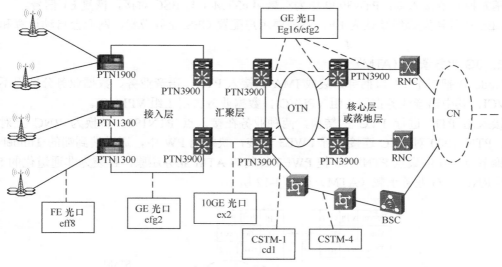

图 3-10　物理链路类型

2．链路规划原则

链路规划原则如下。

（1）流量在各链路上应按最小路径花费均衡分布，计算流量时应预留保护隧道的流量，即所有接入到环上的流量之和乘以 2 不能大于环的物理链路带宽（不考虑汇聚收敛比的情况）；

（2）工作与保护 APS 隧道应分别部署到环的东西向；

（3）兼顾时钟方案，APS 倒换时最好时钟也跟着倒换；

（4）兼顾时钟精度、业务量发展的要求，规划时要求 GE 接入环上的站点个数≤20；

（5）业务流量汇聚收敛比要和客户一起沟通确定，建议为 1∶1。

三、业务承载方式

1．2G 业务承载

2G 通信业务采用基站 BTS 与 BSC 之间采用 TDM 线路进行通信，在 PTN 设备上采用 PWE3 中的 CES 技术承载，如图 3-11 所示。

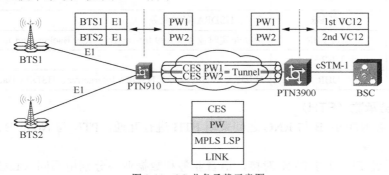

图 3-11　2G 业务承载示意图

基站接入侧：PTN9x0 通过 E1 口与 BTS 对接，然后进行 CES 仿真。

网络侧：PTN 之间通过端到端的 CES、PW 传送到汇聚点。

基站控制器接入侧：PTN3900 作为汇聚用 cSTM-1 与 BSC 对接，恢复 E1 信号。

CES 业务转发等级默认为 EF，不需要用户配置 CES 业务带宽，网元会自动计算和保证带宽。

2. 3G 业务承载（ATM）

Node B 把多个 E1 口捆绑封装成 IMA 组接入 PTN，语音业务、数据业务分别用不同的 VPI/VCI，其中语音业务占用 1 组 VPI/VCI，数据业务占用 1 组 VPI/VCI。

接入侧 PTN 进行 PVC 的转换，两种业务在接入点 PTN1900 转换为 RNC 上对应的 PVC，PTN 1900 对 PVC 连接进行 PWE3 封装，映射到 PW 中，通过端到端的 Tunnel 透传到汇聚节点，在汇聚点 PTN3900 把 PWE3 封装的 ATM 业务还原，封装为非通道化的 STM-1 送至 RNC。3G 业务承载（ATM）如图 3-12 所示。

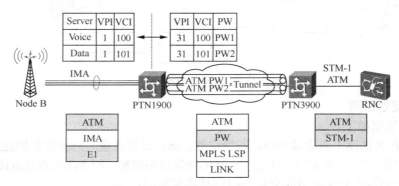

图 3-12　3G 业务承载（ATM）示意图

3G 业务 QoS（ATM）如表 3-2 所示。

表 3-2　　　　　　　　　　　　　　　　3G 业务 QoS（ATM）

EXP	ATM 业务流量类型	3G
7	—	—
6	—	—
5	CBR	实时语音业务、信令（R99 conversational、R99 Streaming）、时钟
4	—	—
3	RTVBR	OM、HSDPA 实时业务
2	NRTVBR	R99 非实时业务（R99 Interactive、R99 Background）
1	UBR+	—
0	UBR	HSDPA 非实时业务（HSDPA Interactive、HSDPA Background）

3. 3G 业务承载（ETH）

3G 通信业务 NODE B 与 RNC 之间采用 ETH 进行互通，PTN 与 Node B、RNC 之间均采用 ETH 链路承载。

Node B 通过 FE 口与 PTN 对接，语音业务和数据业务分别用不同 VLAN 进行业务区分。接入侧 PTN 配置基于 Port＋VLAN 的 E-Line，所有业务在 PTN900 上被映射到 PW

中，通过 PTN 网络的端到端 Tunnel 透传到汇聚节点，在汇聚点 PTN3900 把 PWE3 封装还原，再通过 ETH 传给 RNC。VLAN 用来标志业务和基站，RNC 出来的流量通过 VLAN 标志到达基站。3G 业务承载（ETH）如图 3-13 所示。

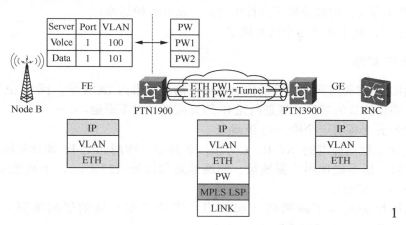

图 3-13　3G 业务承载（ETH）示意图

3G 业务 QoS（ETH）如表 3-3 所示。

表 3-3　　　　　　　　　　　　　　　3G 业务 QoS（ETH）

DSCP	VLAN pri	EXP	PHB	3G
	7	7	—	—
	6	6	—	
46	5	5	EF	实时语音业务、信令（R99 conversational、R99Streaming）、时钟
	4	4		
26	3	3	AF3	OM、HSDPA 实时业务
18	2	2	AF2	R99 非实时业务（R99 Interactive、R99 Background）
0	1	1	AF1	—
	0	0	BE	HSDPA 非实时业务（HSDPA Interactive、HSDPA Background）

3.2.3　网络资源规划

一、网元 ID 规划

华为公司的传送设备使用网元 ID 作为设备标识，需要为设备配置网元 ID，网元 ID 的规划原则如下。

（1）网元 ID 为 24bit 的二进制数，分为高 8 位和低 16 位。高 8 位是扩展 ID，又称子网号，用于标识不同子网，其取值不能等于 0 或大于等于 2^8。低 16 位是基础 ID，其取值不能等于 0 或大于等于 2^{16}。

（2）环形网络中，网元的 ID 号应沿环网的同一个方向逐一递增。

（3）复杂组网，应分解成环和链，先分配环上站点 ID 为 1 至 N，再分配链上网元 ID 为 $N+1$，$N+2$，……。

例如：网元 ID 格式：XX.Y1.Y2。

XX：子网编号即扩展 ID，从 11 开始递增，没有从 0 开始，主要考虑传输网内存在扩展 ID 为 9 的网元，规划 11～42 共计 32 个；

Y1：汇聚环号（目前按照地区进行编号），从 0 开始递增；

Y2：基础 ID，从 1 开始逐个网元递增。

二、网元 IP 规划

IP 地址不仅在网关网元与网管通信时使用，而且在带内 DCN 中，网元 IP 也是 DCN 网络采用 OSPF 路由协议的基础。规划网元 IP 地址应遵循以下原则。

（1）每个网元必须有一个唯一的 IP 地址。

（2）网元可以使用标准的 A、B、C 类的 IP 地址，即网元的 IP 地址范围从 1.0.0.1 到 223.255.255.254。但不能使用广播地址、网络地址和地址 127.x.x.x，子网地址 192.168.x.x 和 192.169.x.x 也不能使用。

（3）IP 地址必须与子网掩码一起使用，支持可变长度的子网掩码。默认子网为 129.9.0.0，子网掩码为 255.255.0.0。

（4）网元使用静态路由协议直接接入网管时，建议网关网元与非网关网元使用不同的 IP 子网。一般核心节点和骨干汇聚环上的大型 PTN 节点配成网关网元。

（5）采用以太网连接的两个网络，必须分别划分到不同的 IP 子网，避免网络划分区域时部分网元不能被网管接入。

（6）网络中所有业务端口 IP 所在的网段，不能和网络中任意网元的管理 IP 所在的网段发生重叠，例如 129.9.0.0/16 与 129.9.1.0/24 两个网段是大小网段包含的，前者包含后者。

（7）非网关网元的 IP 地址建议，一般不用人工配置。在这种情况下，若 IP 的格式为 129.E.A.B，其中的第二位 "E" 为网元的扩展 ID，默认值为 9，"A.B" 为网元的基础 ID 中高 8 位和低 8 位。例如：网元 ID 为 XX.Y1.Y2，则网元 IP 地址为 129.XX.Y1.Y2。但是如果采用人工设置网元的 IP 地址后，IP 地址与 ID 的对应关系不再存在。

三、网关网元的规划

网关网元的规划应该遵循以下原则（与 MSTP 设备相同）。

（1）正确设置网关网元的 IP 及子网掩码。

（2）只有通过网线（主控板 ETH 口）接入到网管的设备才可以作为网关网元。

（3）在实际组网中，网关网元的数据流量最大，为了保证通信的稳定性，尽量选择 DCN 处理能力强的设备作为网关网元，并且使网关网元与其他网元连接成星型，减少其他网元的数据流量。

（4）为保证网管与网络连接的可靠性，建议再选择一个备份的网关网元。备份网关的选择条件与主用网关的选择条件一样。同时，可以让备份网关也管理部分网元，使两个网关网元互为主备，这样有利于网络的稳定。

四、Node ID 的规划

PTN 设备使用 Node ID 作为控制平面的节点标识，因此需要为设备配置 Node ID。Node

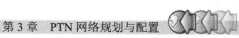

ID 为 32 位的 IP 地址格式，例如，Node ID：10.XX.Y1.Y2（同网元 ID 格式），同时 MPLS 控制平面需要为每个组网业务接口配置一个 IP 地址。可以使用标准的 A、B、C 类的 IP 地址，即范围从 1.0.0.1 到 223.255.255.254。但不能使用广播地址、网络地址和地址 127.x.x.x。子网地址 192.168.x.x 和 192.169.x.x 也不能使用。

网元 Node ID 规划原则如下。

（1）每个网元必须有一个独立的 Node ID，且网络内全局唯一；

（2）不能与设备的网元 IP 地址相同，且不能属于相同网段；

（3）不能与设备上的接口 IP 地址属于同一个网段；

（4）根据端口 IP 规划原则和用户分配的端口 IP 网段，网元的端口 IP 地址直接由 T2000 规划设计完成。

组网业务接口 IP 地址规划原则如下。

（1）每个接口必须有一个独立的 IP 地址，且网络内全局唯一；

（2）不能与设备的网元 IP 地址相同，且不能属于相同网段，也不能重叠；

（3）不能与设备 Node ID 属于同一网段；

（4）同一网元内部的端口之间，IP 地址不能属于相同网段；

（5）以太链路上两端的接口 IP 地址应该在同一个网段。

3.2.4 PTN 的网管与 DCN 规划

一、PTN 网管规划原则

网管采用中心式、图形化界面，具备业务的端到端的部署、管理、维护等能力。

网管要具备一定规模设备组网的管理能力，单台网管服务器最少可覆盖移动通信网络中小规模城市的 3G 承载网建设需求。

网管系统应完成配置管理、故障管理、性能管理、安全管理、通信管理、日志管理、中心、报表等基本功能。

网管系统推荐具备与传统 SDH/MSTP/WDM 设备、汇聚层 Router 统一管理能力，通过归一化降低管理运营维护成本。

网管部署的架构上初期采用单机服务器，后续考虑双机容灾备份的解决方案。

网管规划要根据各厂商具体的规格与性能合理选择网管硬件与规划管理域。

网管规划还要考虑到 DCN 的规划与设计，尤其关注 DCN 通道作为运营网络的可靠性和安全性。

二、网管管理能力规划

PTN 使用 T2000 管理、维护。在网络规划时要考虑 T2000 的管理能力，以便选择网管的硬件和管理域。T2000 管理能力是指在保证规定性能指标情况下所能管理的最大网元数量。综合考虑各种因素，T2000 管理能力计算公式如下。

最大管理网元数 $= 2000 \times A \div B$

其中：A 为网管硬件平台的管理能力系数，如表 3-4 所示。

表 3-4   网管硬件平台的管理能力系数

品牌	硬件平台	管理能力系数（2000 等效网元）	接入客户端的最大值（个）
SUN	SUN SPARC Enterprise MT5520（8CPU）	6	64
	SUN SPARC Enterprise M4000（2CPU）	6	64
IBM	DELL PE 6800	2	48
DELL	IBM X3850	10	100

B 为 PTN 设备的等效系数，如表 3-5 所示。

表 3-5   PTN 设备的等效系数

设备类型	等效系数
PTN 框式系列	
PTN 3900	4.5
PTN 1900	2.5
PTN 盒式系列	
PTN 910	1.5
PTN 912	1

网管根据现网设备部署的类型和数量，算出网管的管理能力，根据这个管理能力设计需要几套。例如：某移动计划部署 1872 套 PTN 1900 和 60 套 PTN 3900，等效网元数为：

$$1872×2.5 + 60×4.5 = 4950$$

可见等效网元数小于 6000，可以使用一套 T2000 网管进行管理。

三、DCN 的规划

如图 3-14 所示，PTN 网络的网管通过 DCN（Data Communication Network）与网元建立通信，对网元进行管理和维护。DCN 系统为网络单元设备提供管理和控制信息的通信功能，属于管理层面，不是用户业务传送平面，但为用户业务操作提供支撑。

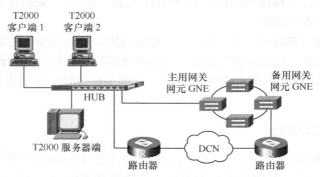

图 3-14 网管通过 DCN 与网元通信示意图

在布署网管时，按照网管流量规划分为两大类：采用带外 DCN 网络承载和采用带内 DCN 网络承载。

其中采用带内 DCN 网络承载方式如图 3-15 所示，PTN 设备利用业务通道完成网络设备管理的组网方式，网络管理流量通过设备的业务通道传送。该方式的优势在于，布署灵活，不需要额外网络设备。而缺点主要是，在 PTN 网络故障时，占用业务通道的带宽，同时影响对于网络的监控。一般推荐在 PTN 设备独立组网时采用带内 DCN 网络的方案。

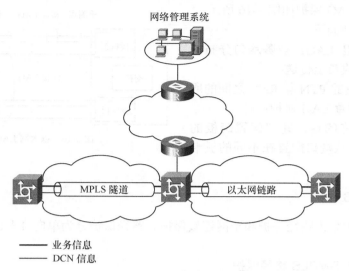

图 3-15   带内 DCN 网络承载方式

带内 DCN 规划原则如下。

（1）使用 T2000 管理网元时，同一个网关网元接入的非网关网元数量不能超过 60 个。

（2）若和第三方设备混合组网，要求其设备支持对 DCN 报文设定特定 VLAN（默认值 4094，网管可配置）。

（3）ETH 端口（EX2/EFG2/EG16）的 DCN 带宽非网关网元建议配 1Mbit/s，网关网元 DCN 带宽建议配置成 2Mbit/s；其他场景默认 DCN 带宽（512kbit/s）。

（4）E1 端口（CD1/MQ1/MD1）的 DCN 带宽配置，PTN 框式设备（3900/2900/1900）建议配置为 512kbit/s，带 PTN 盒式设备（950/910/912）DCN 带宽建议配置为 192kbits。

（5）为了保证通信网络的可靠性，DCN 组网应该尽量组成环形，以确保在发生断纤或者网元异常时可以提供路由保护。

3.2.5   可靠性规划设计

PTN 设备提供设备级保护、网络级保护和接入链路保护。设备级保护包括电源板 1+1 保护、主控板 1+1 保护、交叉时钟板 1+1 保护等关键板卡的冗余备份、TPS N：1 保护等；网络级保护包括 LSP/PW 线性保护、环网保护、线性复用段 LMSP 1：1/1+1 保护 、双归属保护；接入链路保护包括链路聚合（LAG）保护、ML-PPP 多链路保护、IMA 保护等。下面主要对 LAG 保护和 LSP APS 保护进行介绍。

一、LAG 保护

LAG 是将一组相同速率的物理以太网接口捆绑在一起，作为一个逻辑接口来增加带宽，并提供链路保护的一种方法。在这个移动网络中，主要是利用 LAG 的保护特性来增强以太链路的可靠性。

以太网 LAG 保护实现端口的负载分担和非负载分担。系统可以实现跨板和板内 LAC 保护,任何一个链路故障,切换到其他同类介质物理链路传送,链路之间没有主备之分。设备支持的以太网 LAG 保护如图 3-16 所示。

LAG 保护原则如下。

(1)负载分担 LAG:业务均匀分布在 LAG 组内的所有成员上传送;

(2)核心节点的 PTN 与 RNC 之间的所有 GE 链路全部配置 LAG 保护;

(3)条件允许的话,建议配置跨板的 LAG,LAG 的主从端口配置在不同的板卡上,提高可靠性。

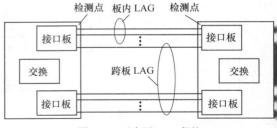

图 3-16   以太网 LAG 保护

二、LSP APS 保护

LSP 线性保护分为路径保护和子网连接保护。路径保护分为单向 1+1 路径保护和双向 1:1 路径保护。

1.单向 1+1 T-MPLS 路径保护

在 1+1 结构中,保护连接是每条工作连接专用的,工作连接与保护连接在保护域的源端进行桥接。业务在工作和保护连接上同时发向保护域的宿端,在宿端,基于某种预先确定的准则(如缺陷指示)来选择接收来自工作或保护连接上的业务。为了避免单点失效,工作连接和保护连接应该走分离的路由。

1+1 T-MPLS 路径保护的倒换类型是单向倒换,即只有受影响的连接方向倒换至保护路径,两端的选择器是独立的。1+1 T-MPLS 路径保护的操作类型可以是非返回或返回的。

1+1 T-MPLS 路径保护倒换结构如图 3-17 所示。在单向保护倒换操作模式下,保护倒换由保护域的宿端选择器完全基于本地(即保护宿端)信息来完成。工作(被保护)业务在保护域的源端永久桥接到工作和保护连接上。若使用连接性检查包检测工作和保护连接故

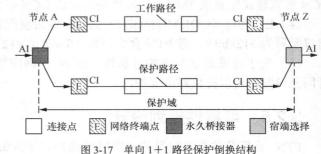

图 3-17   单向 1+1 路径保护倒换结构

障,则它们同时在保护域的源端插入到工作和保护连接上,并在保护域宿端进行检测和提取。需注意无论连接是否被选择器所选择,连接性检查包都会在上面发送。

如果工作连接上发生单向故障(从节点 A 到节点 Z 的传输方向),如 3-18 所示,此故障将在保护域宿端节点 Z 被检测到,然后节点 Z 选择器将倒换至保护连接。

2.双向 1:1 T-MPLS 路径保护

在双向 1:1 T-MPLS 路径保护结构中,保护连接是每条工作连接专用的,被保护的工作业务由工作或保护连接进行传送。工作和保护连接的选择方法由某种机制决定。为了避免单点失效,工作连接和保护连接应该走分离路由。

1:1 T-MPLS 路径保护的倒换类型是双向倒换,即受影响的和未受影响的连接方向均倒

换至保护路径。双向倒换需要自动保护倒换协议（APS）用于协调连接的两端。双向 1：1 T-MPLS 路径保护的操作类型应该是可返回的。

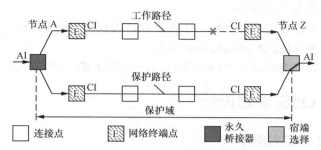

图 3-18　单向 1＋1 路径保护倒换（工作连接失败）

1：1 T-MPLS 路径保护倒换结构如图 3-19 所示。在双向保护倒换依据是基于本地或近端信息或者来自另一端或远端的 APS 协议信息，保护倒换由保护域源端选择器和宿端选择器共同来完成。若使用连接性检查包检测工作和保护连接故障，则它们同时在保护域的源端插入到工作和保护连接上，并在保护域宿端进行检测和提取。需要注意的是，无论连接是否被选择器选择，连接性检查包都会在上面发送。

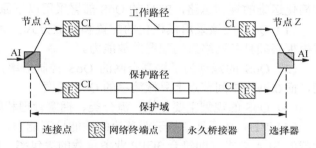

图 3-19　双向 1：1 路径保护倒换结构（单向表示）

若在工作连接 Z-A 方向上发生故障，如 3-20 所示，则此故障将在节点 A 检测到。然后使用动态 APS 协议触发保护倒换，协议流程如下。

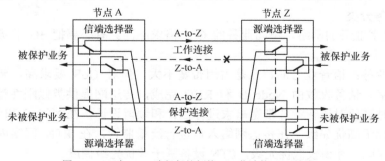

图 3-20　双向 1：1 路径保护倒换（工作连接 Z-A 故障）

（1）节点 A 检测到故障；

（2）节点 A 选择器桥接倒换至保护连接 A-Z（即在 A-Z 方向，工作业务同时在工作连接 A-Z 和保护连接 A-Z 上进行传送）和节点 A 并入选择器倒换至保护连接 A-Z；

（3）从节点 A 到节点 Z 发送 APS 命令请求保护倒换；

（4）当节点 Z 确认了保护倒换请求的优先级有效之后，节点 Z 并入选择器倒换至保护连接 Z（即在 Z-A 方向，工作业务同时在工作连接 Z-A 和保护连接 Z-A 上进行传送），然后 APS 命令从节点 Z 传送至节点 A 用于通知有关倒换的信息，最后，业务流在保护连接上进行传送。

LSP APS 保护组保护类型建议如下。

（1）设置为 1：1 以节省带宽；

（2）倒换模式配置为双端倒换；

（3）一般地，较短路径的 Tunne 作为工作路径，较长路径的 Tunnel 配置为保护路径；

（4）恢复模式设为恢复式，拖延时间设成 0；

（5）进行命名，如"本端网元名+对端网元名+保护组 ID"。

3.2.6　网络 QoS 规划设计

一、PTN 组网 QoS 规划原则

PTN 是集成 MSTP 承载网特性的分组传送网络，相对于 MSTP 组网的最大优势就在于通过分组内核实现统计复用，而统计复用必然会提高设备对 QoS 处理能力的要求。对于 QoS 的部署和管理一直以来是传统数据网的重点和难点，结合 3G 承载网的 QoS 需求特点和简化运维的规划思路，PTN 的 QoS 部署采用以下原则。

（1）QoS 应该采用模板化的配置和发放方式，尤其是对于基站的业务承载，QoS 的配置模板必须具备网络级的配置发放能力。

（2）QoS 的规划为了提高全网的 QoS 控制效率，通常在网络边缘节点上实行 HQoS 控制，而在网络中间节点上只做简单的 QoS 调度。

（3）QoS 的规划主要包括：流分类、拥塞管理和队列调度等内容。

（4）PTN 必须具备基于业务流的性能检测能力，检测业务流根据 QoS 设计达到的业务承载的 SLA 要求（即符合 3GPP 业务承载的丢包率、时延、抖动等方面的需求）。

二、业务 QoS 规划

1. 3G 业务分类

3G 网络是多业务的网络，不同业务的 Qos 需求不同。有必要把 3G 业务进行分类，基本的分类如下。

（1）语音业务：语音业务的特点是占用带宽不大，但对 QoS 要求高，要求低延迟，低抖动，低丢报率。话务收敛由 Node B 和 RNC 完成，传送网提供类似刚性管道的传送。因此在网络规划时需要对语音业务带宽需求进行估计和预留设计，在 NodeB 和 RNC 设备上对语音业务报文标记高优先级，在传送网络入口进行流量监管，在 PTN 网络内部提供高优先级业务调度的保证。标识较低优先级，PTN 设备基于该优先级调度。

（2）控制报文：占用少量带宽，QoS 要求高。

（3）管理报文：占用少量带宽，QoS 要求高。

控制报文和管理报文需求相同，可由 Node B 和 RNC 标识较高优先级，传送网设备基于优先级调度。

2. PTN 业务 QoS 规划原则

（1）每种业务的带宽需求，需要根据无线网络的业务规划计算。

（2）V-UNI 用户侧接入业务做简单流分类时，建议不映射用户业务流转发等级超过 EF。CS7 和 CS6 是保留给设备内部协议报（例如：动态业务信令）和网络控制报文（例

如：DCN）用。

（3）规划整个端口带宽时，网络侧（NNI）要预留 5~10M 的带宽资源给设备协议报文和 DCN 用，保证网络控制平面和管理平面正常高效工作。

（4）建议承载在同一个 PW 中的用户高优先级业务流不要超过该 PW 的 25%（例如规划转发等级为 EF 的业务流），以保证低优先级业务有通过的机会，同时高优先级业务实时性也有保证。

（5）PTN 接入设备根据 Node B 提供的以太网业务采用简单流分类配置 DS 域，用 VLAN Priority 与 PHB 服务等级进行映射。

（6）为了减少过多级的队列调度（入对、流量整形和出对）对业务时延、抖动的影响，HQoS 采用 PW 和出端口队列（CQ）两级调度，仅在 PW 上应用队列调度策略，端口上 8 级 CQ 采用默认的 PQ 调度。

（7）MPLS Tunnel 不用规划带宽，直接利用端口的带宽利用率性能项周期性监控网络侧业务总流量，指导网络优化和业务扩容。

（8）拥塞管理采用默认的 WRED，发生拥塞时使得长短包公平和流量均衡。

（9）Node B 业务同质性，网管提供一个网络级的 PW QoS 策略模板，减少设备 QoS 配置工作量，直接应用到接入设备上。

（10）所有业务都不推荐配置 V-Uni、PW 和 Tunnel 带宽，仅用业务转发优先级进行抢占调度，这样基站修改业务流量不需要同步修改 PTN 设备对应的业务流量，减少后续网络维护工作量。

规划后的业务 QoS 调度模型如图 3-21 所示。

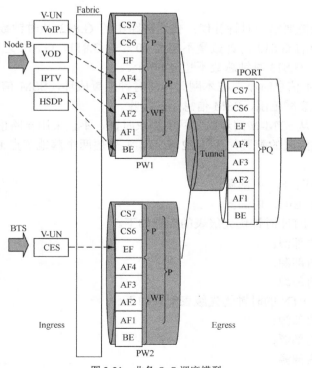

图 3-21 业务 QoS 调度模型

3.2.7 网络时钟规划设计

对于移动通信的承载网络,既需要时钟的频率同步,还需要支持时间同步。传统的 3G 承载网络通常采用 GPS 时钟的方式。GPS 时钟在工程实施、管理、安全等方面存在一定的不足,PTN 的移动通信承载网必须支持时钟同步。

PTN 支持多种时钟功能,并能通过多种方式实现时钟保护倒换。PTN 支持的物理层时钟频率同步。可以跟踪外部时钟源(2Mbit/s,2MHz)、线路时钟源(SDH 线路、同步以太线路)、支路时钟源(E1)。支持线路时钟输出、支路时钟输出、外部时钟输出。PTN 还应支持 IEEE1588 v2 时间同步协议,支持标准的 SSM(Synchronization Status Message)、非 SSM 和扩展 SSM。因为物理层频率同步比 1588 频率同步性能好,所以在网络实际情况允许的条件下,频率同步尽量选择物理同步方式。时间传送可以采用 IEEE1588 v2 时钟同步协议。

一、物理层时钟规划设计原则

(1)骨干层、汇聚层的网络应采用时钟保护,并设置主、备时钟基准源,用于时钟主备倒换。接入层一般只在中心站设置一个时钟基准源,其余各站跟踪中心站时钟。

(2)由中心节点或高可靠性节点提供时钟源,合理规划时钟同步网,避免时钟互锁、时钟环。

(3)线路时钟跟踪应遵循最短路径要求:小于 6 个网元组成的环网,可以从一个方向跟踪基准时钟源,大于或等于 6 个网元组成的环网,线路时钟要保证跟踪最短路径。即 N 个网元的网络,应有 $N/2$ 个网元从一个方向跟踪基准时钟,另 $N/2$ 个网元从另一个方向跟踪基准时钟源。

(4)对于时钟长链要给予时钟补偿:传送链路中的 G.812 从时钟数量不超过 10 个,两个 G.812 从时钟之间的 G.813 时钟数量不超过 20 个,G.811,G.812 之间的 G.813 的时钟数量也不能超过 20 个,G.813 时钟总数不超过 60 个。

(5)不配置 SSM 信息时不要在本网元内将时钟配置成环,SSM 信息的接收需要在一定的衰减范围内,超过衰减范围,SSM 信息无法接收。

(6)局间宜采用从 STM-N/同步以太网中提取时钟,不宜采用支路信号定时。

物理层时钟优先级表的配置如图 3-22 所示。汇聚层两个落地节点 PTN 的时钟优先级表配置如下。

NE1:主 Bits、W、E、内部源;

NE2:E、W、备 Bits、内部源。

汇聚层其他节点 PTN 时钟优先级表的配置如下。

NE3:E、W、内部源;

NE4:W、E、内部源;

NE5:W、E、内部源。

接入层其他节点 PTN 的时钟优先级表配置如下。

NE6:E、W、内部源;

NE7:W、E、内部源;

NE8:E、W、内部源。

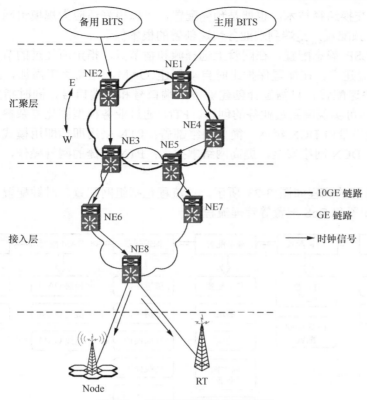

图 3-22　物理层时钟优先级表的配置

二、时间同步规划

由于 PTN 对时间同步不透明，所以暂时无法在核心节点的 PTN 引入时间服务器，而需要在汇聚层的 PTN 引入，然后通过 PTN 支持的 BC 时钟设备模式，把时间分发到所有基站。未来的 PTN 可将升级后可支持 IEEE1588 v2 的时间服务器部署与网络核心节点。

时间同步规划如下。

（1）汇聚层落地节点 PTN：通过外时间接口（1PPS+TOD）引入时间服务器，外时间接口电缆长度对时间同步性能有较大影响，应用中根据实际电缆长度使用"线缆长度补偿"给你进行补偿，提高时间同步性能。

（2）汇聚层、接入层所有节点 PTN 配置为 BC 模式，实际中光纤收发双向可能存在距离差，需要实用"光纤收发双向不对称补偿"，以保证时间同步性能。

（3）没有直接引入 GPS 的基站设置为 OC 模式，从 PTN 获取时间。有条件引入 GPS 的基站，可以从 GPS 直接获取时间。

3.3　PTN 网络管理配置

3.3.1　PTN 网络配置流程

PTN 一般采用分层组网和环网结构，接入 GE 环、汇聚和核心 10GE 环。PTN 网络采用

端到端静态标签交换路径技术，也就是预先配置，可以很好适应大规模组网要求，实现可扩展性。静态 LSP 预配置，是端到端业务快速部署的根本保证。

PTN 支持 LSP 静态配置，在网管上选择源和宿节点，指定所经过的节点和策略，即可完成 LSP 端到端建立。在配置保护组时自动创建 OAM，无需手工添加，提高部署效率。PTN 支持业务快速配置，只需选择创建业务入端口号和出端口号，同时指定业务在承载在哪条 LSP 上，即可实现端到端业务的创建。PTN 通过业务模型固化复杂参数，简化配置业务能力；PTN 使用带内 DCN 组网，简化网络部署；PTN 采用即插即用模式，提高网络开通效率，PTN 提供 DCN 网络安全，提高网络掌控力；PTN 便捷的网管操作，加速网络部署和强化网络管理。

PTN 网络管理的流程如图 3-23 所示。该流程包括组网配置、时钟配置、业务配置、保护配置、OAM 配置和 QoS 配置等管理流程。

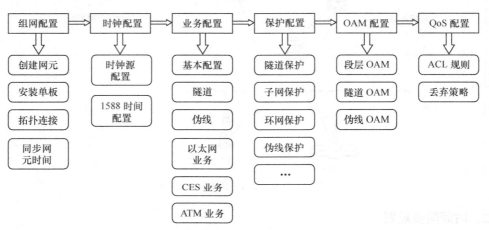

图 3-23　PTN 网络管理的流程图

1. 组网配置

组网配置需要进行以下操作：创建网元、安装单板、建立拓扑连接、同步网元时间。

（1）创建网元

网元创建分为三种：手动创建、复制网元和网元自动搜索。

在网管上创建网元，配置的主要属性包括：网元 ID、IP 地址、环回 IP 地址、使能 TMPLS 等。

（2）安装单板

安装单板也分为两种方式：在网管上手动插板或上载设备上的单板信息。手动插板通过网管上的设备管理器在相应的槽位上安装单板，然后可下载至网元上，达到数据同步，上载单板信息可以在公共配置的数据同步选项中进行。可将需要上载数据的网元添加到上载数据库列表中进行批量上载。

（3）创建拓扑连接

拓扑连接分为手动创建和自动创建。手动创建适用于线缆连接条数较少的情况，可通过文本和图形化两种方式进行配置。自动发现功能适用于光纤连接使用大量线缆连接的情况。

线缆连接配置端口具有自适应功能，可以自动配置未使用的同速率端口。此外，图形化配置界面可以定位到单板视图中的槽位信息，更具可视化。

线缆连接管理界面用于对线缆的维护操作，可以根据需要过滤出期望条件的配置信息，可以删除线缆，也可以定位到线缆告警信息。

（4）同步网元时间

为了故障维护和网络监控的准确性，需要使网元时间与网管或 NTP 服务器时间保持一致，可通过网元时间管理设置选择单个网元或全网网元的时间同步方式。

2．时钟配置

时钟源用于协调网元各部分之间、上游和下游网元之间进行同步工作，为网元的各个功能模块、各芯片提供稳定、精确的工作频率，使业务正确有序地传送。

各个网元通过一定的时钟同步路径跟踪到同一个时钟基准源，从而实现整个网络的同步。通常一个网元获得时钟基准源的路径并非只有一条。

（1）配置时钟源属性

配置网元的时钟源类型并指定其优先级，保证网络中所有网元能够建立合理的时钟跟踪关系。

（2）时钟优先级

时钟优先级是网元设备在不启动 SSM 协议时，时钟源选择和倒换的主要依据。每一个时钟源都被赋予一个唯一的优先级。网元设备在所有存在的时钟源中选择优先级最高的时钟源进行跟踪。但一般在工程中应开启 SSM 信息。

（3）当前同步定时源

当前同步定时源主要是用于显示当前设备的时钟状态。主从同步的时钟工作模式有以下三种。

正常工作模式：指本地时钟同步于输入基准时钟信号，跟踪锁定上级时钟。

保持模式：当所有定时基准丢失后，从时钟进入保持模式，该模式下设备模拟它在 24 小时以前存储的同步记忆信息来维持设备的同步状态。

自由运行模式：当从时钟丢失所有外部基准定时或处于保持模式超过 24 小时，则时钟模块从保持模式进入自由振荡工作模式，这种模式时钟精度最低。

（4）配置 SSM 字节方式

通过 SSM 字节功能完成 SSM 字节启用、禁用以及属性配置。SSM 字节有效时，网元将按照 SSM 算法自动选择时钟；SSM 无效时，时钟源排序由定时源配置时的优先级决定，不考虑时钟质量等级。SSM 用于在同步定时链路中传递定时信号的质量等级。

SSM 的使用方式包括：ITU 标准、自定义方式一、自定义方式二、不使用、未知。其中"自定义方式一、自定义方式二"算法模式采用中兴扩展算法，用扩展 SI 字节作为同步选择，如使用了其中一项，算法模式都采用 ITU 标准算法。使用"未知"或"ITU 标准"时，算法模式都采用 ITU 标准算法。不使用 SSM 字解释，按照时钟源优先级选择时钟。

（5）时钟源倒换和恢复

时钟源倒换分为：闭锁、人工倒换、强制倒换和清除。等待恢复时间是用来保证先前失效的时钟源信号经过一段无故障时间后成为可用信号。

（6）其他时钟配置

E1 端口时钟：完成 CES 时钟的发送和接收。发送时钟默认选择"自适应时钟"，接收时钟默认选择为"客户时钟"。

强制设置外时钟质量等级：未设置时默认将本地接收时钟发送出去。

同步网边界连接：本端与对端设备均为中兴设备时，设置同步网边界兼容，可以使用中兴通讯的专利技术，默认兼容。

外时钟导出：把选定的时钟按照导出规则排序（优先级、质量等级），从时钟端口导出，供给其他设备使用。

（7）IEEE1588v2 配置

通过校准时钟节点的计数器触发频率，达到时间同步的目的。包括时钟域配置、时钟节点配置、时钟源端口配置和 1588V2 状态查询配置。

3．创建业务配置

包括基本配置、隧道属性配置、伪线属性配置。在建立伪线完成后，可进行以太网业务配置、CES 业务配置和 ATM 业务配置。

（1）基本配置

在 PTN 业务配置选项中依次配置端口模式、VLAN 接口、IP 接口、ARP 设置和静态 MAC 配置。

（2）隧道属性配置

隧道式客户业务的端到端传送通道，是伪线的承载层。可进行单网元配置和端到端配置的方式创建隧道。

（3）伪线属性配置

端到端的伪线仿真（Pseudo Wire Edge to Edge Emulation，PWE3）是一种端到端的二层业务承载技术。PWE3 在 PTN 网络中可以真实地模仿 ATM、以太网、TDM 电路等业务的基本行为与特征。

PW 是一种通过分组交换网把一个承载业务的关键要素从一个 PE 运载到另一个 PE 的机制。PW 配置有单网元配置和端到端配置两种方式。

4．配置业务

以太网业务分为端到端以太网专线业务（Etheret Private Line，EPL）、以太网虚拟专线业务（Ethernet Virtual Private Line，EVPL）、以太网虚拟专用 LAN 业务（Ethernet Private LAN，EPLAN）和以太网虚拟专用 TREE 业务（Ethernet Private TREE，EPTREE）几种类型。

（1）EPL（端到端以太网业务）

UNI 接口不存在复用，PE 设备的一个 UNI 口只能接入一个用户，有以下两种配置方式。

单网元配置：首先添加 UNI 端口，然后配置 EPL 业务。

端到端配置：首先添加 A/Z 端点的 UNI 信息，然后选择业务承载的伪线。

端到端以太网业务查看：选中网元上业务线，显示业务记录，选中并双击业务记录（或者单击业务右键显示业务管理）后，显示业务路由，还可以递归展开该业务承载的伪线和隧道。

（2）EVPL 以太网虚拟专线业务

UNI 口可以存在复用，PE 设备的一个 UNI 口可以接入多个用户，多个用户之间按 VLAN 区分。以太网虚拟专线业务：EPL 与 EVPL 配置方法类似，业务类型与 VLAN 映射表需要修改，其他配置保持不变，UNI 端口可以复用。

（3）EPLAN 以太网虚拟专用 LAN 业务

UNI 口可以存在复用，PE 设备的一个 UNI 口可以接入多个用户，EPLAN 业务需要配置每段路径的隧道和伪线，配置 UNI 端口，然后一起添加到端点和路由界面即可，网管会自动区分计算。其他步骤与 EPVL 业务一致。

（4）EPTREE 以太网虚拟专用 TREE 业务

UNI 接口不存在复用，PE 设备的一个 UNI 口只能接入一个用户，也就是说不按 VLAN 区分 UNI 口接入的用户，PE-PE 之间的以太网连通性为点到多点。

端到端以太网业务 EPTREE：配置业务前创建好 Root 到 Leaf 之间的所有伪线，配置步骤与其他以太网业务类似，需要注意的是，节点类型选择原则为 Root 到 Leaf 之间可以通信，但是 Root 到 Leaf 之间不能直接通信。每个 UNI 流点和 PW 流点都需要添加节点类型，因此需要根据规划选择合适的节点类型。

（5）CES 业务

结构化 CES 业务需要首先配置 E1 成帧。

端到端配置 CES 业务：承载业务的伪线可以自动创建也可以手动创建。自动创建隧道后可直接配置业务，手动创建时，创建业务前需要先创建伪线。

（6）ATM 业务

一侧 CE 设备的 ATM 信元，传送到该侧的 PE 设备，并在该 PE 设备上加上 PW 封装后，再通过 PTN 网络的端到端连接传送到另一端的 PE 点，并在该点去掉 PW 封装，还原出 ATM 信元后，再传送到另一侧 CE 设备。

配置 ATM 业务需要网元配有 E1 板或者 ASB 板，如果是 E1 板，需要配置 E1 成帧，然后添加 IMA 端口，再添加 ATM 接口。如果是 ASB 板，则直接添加 ATM 接口后配置业务。

端到端配置 ATM 业务：与 E1 类似，可以选择自动创建伪线或手动创建伪线，选择 A/Z 端口后，配置伪线并应用。

5．保护配置

（1）隧道保护

原理：隧道保护是端点到端点的全路径保护，用于工作路径发生故障时，业务直接倒换到保护路径传输。分为 1+1 和 1：1 两种类型。

配置步骤：端到端创建工作隧道 TMP1，保护隧道 TMP2，分别走不同的路径，添加隧道保护组，配置保护参数。端到端配置保护组时，网管会自动生成隧道的 OAM，而单点配置需要手动添加工作和保护隧道的 OAM 功能。创建 TMP1 上的伪线和业务，验证业务是否正常。保护隧道上不配置伪线和业务，当工作路径发生故障时，业务会倒换到保护隧道。

（2）子网连接（Subnetwork Connection，SNC）保护

原理：SNC 保护是工作路径的部分保护，在路径局部发生故障时使用。

配置步骤：SNC 组网至少需要 4 个网元，如果多个网元组网，每两个 SNC 段不能重叠。在端到端配置工作隧道 TMP1，保护隧道 TMP2，然后创建隧道保护子网组。在工作路径上配置以太网业务，验证是否正常。端到端配置保护组时，网管会自动配置隧道的 OAM。

（3）双归嵌套线性保护

原理：双归嵌套线性保护是级别比较高的一种保护，是隧道保护和伪线保护共同作用的一种保护方式。

配置步骤：创建工作隧道 TMP1、TMP2、TMP3 以及隧道保护组 Group1，创建 TMP1 所承载的伪线 PW1，创建 TMP2 所承载的伪线 PW2，创建 TMP3 所承载的伪线 PW3，创建

PW1 上的业务，并添加网元 4 上的单点业务，与 PW1 的业务类型一致，在网元 1 上添加伪线保护字。伪线隧道分别配置 OAM。

（4）环网保护

环网保护分为环回和回传两种。

环回原理：检测到缺陷的节点通过 APS 发送请求到与缺陷节点相邻节点，当一个节点检测到缺陷或接收到发送给本节点的 APS 请求，发往缺陷节点的业务将被倒换到相反的方向（远离缺陷）。业务将沿着环的路径到另一个倒换节点，然后重新被倒换回工作方向。

配置步骤：每个网元分别创建段层 TMS 和 TMS 的 OAM 功能。创建 TMS 的保护关系。创建工作隧道、环形保护隧道。（源宿 IP 地址均取本网元环回地址）以及工作隧道上的业务。创建隧道的保护关系。隧道保护关系要区分 PE 和 P 节点。

6. T-MPLS OAM 配置

T-MPLS OAM 配置即为 T-MPLS 的运行、维护和管理，主要分为故障管理和性能管理功能两个方面。故障管理的主要功能是：连续性检查、告警指示、链路追踪、环回、锁定等。性能管理功能主要是：帧丢失测量、帧时延测量、帧时延抖动测量等。

T-MPLS OAM 网络模型中包括维护实体组（MEG）、维护实体组端点（MEP）、维护实体组中间点（MIP）、维护实体组等级（MEL）。

（1）基本配置

包括配置同一维护域 MEG 的 ID 必须相同。配置 TMS、TMP、TMC 和 TMP、TMC、MEG。本端和对端 MEP ID 必须一致。

（2）连通性测试

连通性检查（CC）用于检测一个 MEG 中任意一对 MEP 间的连续性丢失（LOC）和两个 MEG 间的错误连接。也可用于检测在一个 MEG 中出现与错误 MEP 连接的情况以及其他一些缺陷情况。参数包括：速率模式，分为高速和低速；CV 包；发送周期，与速率模式对应。CV 包 PHB；连接检测，设置是否开启连接检测。

（3）环回

用于检测一个 MEP 与其对等的 MEP 间的连通性。

（4）帧丢失测量 LM

帧丢失测量用于统计点到点 T-MPLS 连接入口和出口发送和接收业务帧的数量差。LM 功能分两类：一种是预激活 LM 功能，一种是按需 LM 功能。

（5）帧时延测量

帧时延测量 DM 是一种按需 OAM 功能，主要用于测量帧时延和帧时延抖动，其通过在诊断时间间隔内由源 MEP 和目的 MEP 间周期性的传送 DM 帧来执行，具体通过在请求和应答帧中设置的时间戳并计算差值实现。

可在当前性能中查询 MEG 的 DM 相关性能包括：单向时延、双向时延、单向时延变化、双向时延变化。

（6）隧道保护

端到端创建隧道保护会自动创建工作隧道和保护隧道上的 OAM 信息。如果单点配置隧道保护，需要手动创建工作隧道和保护隧道的 OAM，然后在"设备管理器"中添加保护关系。

（7）QoS 配置

QoS 主要包括流分类、流量监管、拥塞避免、拥塞管理、流量整形。

ACL 表配置：配置 ACL 表，通过一系列匹配条件，对 Ingress 方向的数据包进行流分类，分类的结果可以用于丢弃、限速、镜像、流量统计和优先级修改等操作。

3.3.2　PTN 网络数据配置规范

一、PTN 网络数据命名规范

1．子网命名

子网名称命名规范：区域名称 环名__Num。

子网命名必须包含环名、Num（环内唯一序号）、区域 3 个要素，各地可以根据具体情况制定相应规范。可以按照网络的层次结构来划分，例如接入环__1、接入环__2、汇聚环__1、汇聚环__2；也可以分别对应网管上的分组名称，按照区域和网络组网连纤关系划分子网，例如沙河等。

2．站点命名

站点名称命名规范：PTN 站点名称[Num]。

站点名称按照无线基站侧或者用户侧的站点名命名，同一机房的设备使用数字区分。此名称对应于网管上的网元标签名称，为了在网管上区分其他设备的名称，在网元名称前加上 PTN 字样，例如：PTN__沙河__1。

3．PTN 业务命名

PTN 业务名称命名规范分为以下 3 种情况。

（1）隧道命名

隧道名称命名规范：Tunnel__[W/P]__源站点名称__to__宿站点名称__Num__[S（单向）]。

业务中的源、宿站点名称表明隧道的路由方向，默认情况下新建的隧道都是双向的，当建立单向隧道时，可以通过 S 与默认的双向隧道进行区分。

使用链型网络保护时，可以使用 W、P 分别表示工作隧道和保护隧道，例如：Tunnel__W__沙河__to__宝山，表示从沙河站点到宝山站点建立一条双向工作隧道。

默认情况下，源、宿站点只需要建立一条双向隧道即可，也可以根据实际工程应用建立多条隧道并通过业务编号来区分。

（2）伪线命名

伪线名称命名规范：PW__业务类型__源站点名称__to__宿站点名称__Num（业务编号）。

业务名称中的源、宿站点名称表明伪线的路由方向。

业务类型表示伪线封装的业务分类，用来区分同一路由下不同的业务，例如：EPL、EPLAN、EPTREE、EVPL、EVPLAN、EVPTREE、E 1 等。

业务编号可以用于统计同种业务的数量和业务的唯一性，方便用户根据伪线名称查找伪线，例如：PW__EVPL__沙河__to__宝山__1，表示从沙河站点到宝山站点建立的第一条 EVPL 伪线；PW__E1__沙河__to__宝山__8，表示从沙河站点到宝山站点建立的第 8 条 E1 伪线。

（3）业务命名

PTN 网络要求以路径方式配置，对于相应电路业务的名称做全省统一规划。电路业务名称格式为：电路源站点名称-电路宿站点名称接口带宽/电路编号/电路业务类型/P。

电路源站点名称：中文标注一条电路的业务侧源局点名称；

电路宿站点名称：中文标注一条电路的业务侧宿局点名称；

接口带宽：标注 FE/GE/CES；

电路编号：取值范围，0001～9999，固定 4byte 长度；

业务类型：表明是 TD 业务，2G 业务还是企业接入；

P：表明为 PTN 网络承载业务，例如石塘东路-上塘枢纽楼 FE/0001/TD/P。

二、PTN 设备主要参数设置规范

PTN 设备主要参数设置如表 3-6 所示。

表 3-6   PTN 设备主要参数简介

序号	参数类型	参数名称	参数说明
1	设备参数	网元 ID	PTN 设备使用网元 ID 作为设备标识
2		网元 IP	用于网管与网关网元通信，是 DCN 网络采用 OSPF 路由协议的基础
3		Node ID	PTN 设备控制平面的节点标识
4		端口 IP	MPLS 控制平面业务接口配置的 IP 地址
5	业务参数	MPLS Tunnel ID	用于标识一条网元唯一的 MPLS Tunnel
6		PW ID	用于标识一条网元唯一的 PW
7		业务 ID	用于标识一条网元中配置的业务

1. 网元 ID、扩展 ID 和 Node ID 设置规范

网元 ID 格式：0XAABBBB；

OX：表示以十六进制格式标示；

AA：网元扩展 ID，取值 1～254；

BBBB：网元基础 ID，取值 1～40136；

网元 Node ID 格式：10. XX.Y1.Y2；

XX：汇聚环号（目前按照地区进行编号），从 0 开始递增；

Y1：子网编号即扩展 ID，建议与现网中 SDH 设备使用的扩展 ID 区分开。例如华为 SDH 设备默认扩展 ID 为 9，则 PTN 设备可以考虑从 10 开始递增，设置范围 10～254；

Y2：基础 ID，从 1 开始逐个网元递增。举例如表 3-7 所示。

表 3-7   设备 ID 举例

序号	网络分布	网元 ID	NODE ID	说明
1	落地层设备	0X0B0001～0X0B00N	10.0.11.1～10.0.11.N	落地层汇聚环号为 0，扩展 ID 为 11，分配 254 个地址

2. 网元 IP 设置规范

网元 IP 格式：129.X.Y1.Y2，针对网元类型的不同而定义不同；

网关网元：X.Y1——分公司的对应区号；

Y2：地址取值，范围由 1～254；

非网关网元：X——网元扩展 ID；

Y1.Y2：网元的基础 ID。

各分公司指定 IP 地址段中进行相应设置，其中网关网元的 IP 地址由 1 开始递增，网管服务器 IP 地址由 254 开始递减。

非网关网元的 IP 地址建议同网元 ID 规则变化，开局时手工配置。IP 地址为：129.XX.Y1.Y2，其中 XX 是汇聚环表编号，Y1 是接入环上网元编号的高 8bit，Y2 为低 8bit；子网掩码是 255.255.0.0。如果 Y2＞254 时，就向 Y1 进一。如 129.12.0.254 的下一个网元 IP 地址为 129.12.1.1。

地址段分配表如表 3-8 所示。

表 3-8　　　　　　　　　　　　　　　　分公司 IP 规划

地市公司	IP 地址段
A 地市	129.5.70.XX
B 地市	129.5.71.XX
C 地市	129.5.72.XX
D 地市	129.5.73.XX
E 地市	129.5.74.XX
F 地市	129.5.75.XX
G 地市	129.5.76.XX
H 地市	129.5.77.XX
I 地市	129.5.78.XX
J 地市	129.5.79.XX
K 地市	129.5.80.XX

3. 端口 IP 地址设置规范

端口 IP 地址格式：172.16.X1.X2/30。

X1：网元所属区域的汇聚环号，范围由 1～254；

X2：地址取值，范围由 1～254。

端口 IP 地址规划举例如表 3-9 所示。端口命名规则：A-B-C:A:槽位号；B：单板类型C：单板端口号。

表 3-9　　　　　　　　　　　　　　　　端口 IP 地址规划举例

本地设备名称	本端端口	本端地址	对端地址	对端端口	对端设备名称
骨干汇聚点 1	A-B-C	172.16.1.1/30	172.16.1.2/30	A-B-C	郊县汇聚点 1
骨干汇聚点 1	A-B-C	172.16.1.5/30	172.16.1.6/30	A-B-C	郊县汇聚点 1
骨干汇聚点 1	A-B-C	172.16.1.9/30	172.16.1.10/30	A-B-C	郊县汇聚点 1

4. MPLS TUNNEL ID 和 PW ID 的设置规范

MPLS TUNNEL ID、PW ID 以及业务 ID 均采用网管自动分配的方式。

5. VLAN ID 的设置规范

需保证 PTN 设备上 PORT+VLAN 的唯一性，根据 Node B 与 RNC 的归属关系确定VLAN 在 RNC 分布情况，VLAN 在同一个 RNC 上是唯一的。每个核心机房 RNC 使用

VLAN=1～3500，剩余 590 个 VLAN（3501～4090）做到全网唯一，各核心机房的 RNC 可以共用，方便链路调整。

三、PTN 电路业务 QoS 设置规范

PTN 接入设备根据 Node B 提供的以太网业务采用简单流分类配置 DS 域，用 VLAN Priority 与 PHB 服务等级进行映射，支持 8 级 QoS 队列，优先级从高到低分别是 CS7、CS6、EF、AF4、AF3、AF2、AF1 和 BE。QoS 常用模型如图 3-24 所示。

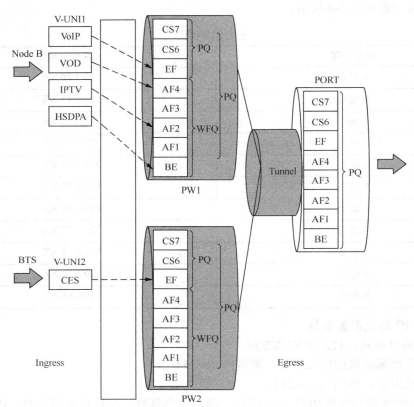

图 3-24　业务 QoS 调度模型

1. PTN 以太网业务 QoS 设置建议

PTN 接入设备根据 Node B 提供的以太网业务采用简单流分类配置 DS 域，用 VLAN Priority 与 PHB 服务等级进行映射。为了减少过多级的队列调度（入队、流量整形和出队）对业务时延、抖动的影响，H-QoS 采用 PW 和出端口队列（CQ）两级调度，仅在 PW 上应用队列调度策略，端口上 8 级 CQ 采用默认的 PQ 调度。

MPLS Tunnel 不用规划带宽，直接利用端口的带宽利用率性能项周期性监控网络侧业务总流量，指示网络优化和业务扩容。

拥塞管理采用默认的 WRED，发生拥塞时使用长短包公平和流量均衡。

报文优先级与服务级别映射举例，表中 RNC 和 Node B 为华为设备。

优先级映射举例如表 3-10 所示。

表 3-10　　　　　　　　　　　　　　　　优先级映射举例

RNC Vlan pri-PHB		3900 核心层 Vlan pri-PHB		3900 汇聚层 mpls exp-PHB		1900 接入层 mpls exp-PHB		Node B Vlan pri-PHB	
7/6/5	CS7/CS6/EF	5	EF	5	EF	5	EF	CS7/CS6/EF	7/6/5
4	AF4	4	AF4	4	AF4	4	AF4	AF4	4
3	AF3	3	AF3	3	AF3	3	AF3	AF3	3
2	AF2	2	AF2	2	AF2	2	AF2	AF2	2
1	AF1	1	AF1	1	AF1	1	AF1	AF1	1

2. PTN　ATM 业务 QoS 设置建议

对于 ATM 业务，PTN 设备可以通过以下方式进行 QoS 控制，支持配置 ATM 策略（即 ATM 业务类型，流量参数），为不同的 ATM 业务指定不同的 ATM 策略，支持配置 ATM 业务类型和 PHB 服务等级间映射，实现对 ATM 业务的端到端策略 QoS 控制。

3. PTN CES 业务 QoS 设置建议

对于 CES 业务，PTN 设备默认将 CES 业务映射到 EF 服务等级进行处理，不支持用户对 CES 业务的 QoS 进行配置。

 习题

1．PTN 的网络结构分为哪三层？每一层有何特点？

2．PTN 网络主要承载哪些业务？

3．PTN 网络接入节点实际上传容量为 24Mbit/s，未来预期扩容指数为 3，接入环的带宽容量限制为 1200M，则接入环上的节点数应如何规划？

4．某移动计划部署 2000 套 PTN 1900 和 100 套 PTN 3900，求等效网元数。

5．网元 ID 和网元各自有何作用？格式如何定义？

6．简述 PTN 设备的链路类型。

7．PTN 业务如何命名？试解释业务名称为：温江-双流-2G-HZ00006 的含义。

8．试说明 MPLS Tunnel 和 PW 的命名方法。

9．画图说明 PTN 设备 E-Line 业务发放流程。

第 4 章

PTN 的网络管理与运维

本章主要介绍 PTN 网络管理和运行维护的机制、规范和项目。通过本章的学习，应掌握以下内容。

- 了解 PTN 网络运维管理机制。
- 了解 PTN 网络运维管理规范。
- 掌握 PTN 例行维护原则和项目。
- 掌握 PTN 故障处理原则、流程和方法。

4.1 PTN 网络的运维管理机制

PTN 秉承"传输"理念，增强了分组业务的业务扩展性和端到端的 QoS，同时 PTN 也可以为运营商和用户提供与原有传送网相同的运维习惯和用户体验。

PTN 继承了 SDH 等传送网的运维理念，例如：业务平面、管理平面逻辑分离；强大的图形化网管；类似于 SDH 的 OAM 机制；强大的保护机制；同时，PTN 采用可运营、可维护、可管理的电信级网络结构，因此易扩展、易调度、易配置、易管理、易维护。

运维 PTN 必须重点关注的问题和主要工作内容有以下四个方面：一是在网络建设前进行 PTN 网络规划；二是在网络建设中的 PTN 网络部署；三是在网络建成后，PTN 网络的运维；四是网络建设后对 PTN 网络的评估优化。

一、PTN 网络的性能监控和维护机制

城域网环境下存在 3G 数据业务和大客户接入业务，商业区域对数据业务需求不同，会产生 3G 基站密集覆盖问题，3G 基站数量约为 2G 基站的 2 倍。3G 建设初期，80%的 3G 基站可以和 2G 基站共站点，3G 承载网络兼容 2G 业务承载的同时，在维护体质、网络管理系统上应满足兼容 MSTP 和 PTN 两种设备形态的机制，因此在引入 PTN 技术后，运维系统能够实现复杂、灵活的多业务形态的配置和监管。

传统的 SDH/MSTP 技术，通过在其帧结构中固定位置提供并处理各种开销字节，完成日常网络和业务的分析、预测、规划与配置，并能对网络及其业务进行测试和故障管理。基于 MPLS-TP 的 PTN 技术利用 MPLS/PW 伪线技术进行多业务传送，进行 PW 多业务传送、TDM 业务仿真，吸收分组交换对高突发业务高效的统计复用的优点，通过完善的 OAM 处理机制，不仅可以预防网络故障的发生，而且还能实现网络故障的快速诊断和定位。

PTN 设备在网络层支持 3 层 OAM 结构，包括 PW OAM、LSP OAM 和段层 OAM，同时支持业务 OAM 和链路 OAM，各层的 OAM 操作方式可分为主动——周期性报告链路状

态、性能和差错以及按需——按需人工操作报告链路状态、性能和差错。通过分层构架，可以实现类似 SDH 网络中复用段、再生段和通道段的故障隔离。

　　PTN 设备在网络管理方面提供了丰富的性能告警功能，在设备故障、链路故障、链路质量劣化、环境变化等情况下，设备和网管上会及时上报各种不同级别告警，包括声、光、电等，有了这些告警，维护操作人员能够及时发现问题并解决问题。

　　PTN 设备提供了 MPLS OAM 功能。MPLS OAM 是 MPLS 层提供的一个完全不依赖于任何上层或下层的缺陷检测机制，目的是为了在 MPLS 的用户平面上检测 LSP 的连通性，衡量网络的利用率以及度量网络的性能，同时在链路出现缺陷或故障时触发保护倒换，以便能根据与客户签订的 SLA 协议提供业务。国内 ITU-T 对 MPLS OAM 进行了以下定义。

　　性能监控并产生维护信息，根据这些信息评估网络的稳定性。

　　通过定期查询的方式检测网络故障，产生各种维护和告警信息。

　　通过调度或者切换到其他实体，旁路失效实体，保证网络的正常运行。

　　将故障信息传递给管理实体。

　　PTN 设备有了 MPLS OAM 机制，可以有效地检测、确认并定位出 MPLS 层网络内部的缺陷，报告缺陷并做出相应的处理，同时在出现时，能提供保护倒换的触发机制。

　　PTN 设备还提供了连接故障管理功能（Connectivity Fault Management，CFM），CFM 功能可以有效地对虚拟局域网进行检查、隔离和连接性故障报告，它的主要目的是针对运营商网络，但是对用户网络同样有效。CFM 主要功能有路径发现、故障检测、故障确认和隔离、故障通告和故障恢复等。IEEE 802.1ag 标准中定义以下机制：能够对一些业务降级和失效等网络异常错误或异常问题提供及时检查、恢复和管理功能。

　　通过 PTN 设备提供的丰富 OAM 功能，能够在故障发生前及时给出风险提示，在故障发生时通过 CFM 功能以及检测功能能够迅速找到故障点。同时，PTN 设备将 OAM 功能和 APS 功能模块有机结合，能够在故障发生后自动切换到保护路径，优先保证业务的正常运行。APS（Automatic Protection Switching）功能，用于控制保护转换的操作，可以使故障快速收敛，以提供可靠性。APS 协议通过传递 APS 协议报文，以保证被保护设备之间的协调工作，出现故障时快速同步切换到备用路径，不至于影响业务，故障恢复后根据策略决定是否恢复到工作路径。

　　PTN 的 OAM 机制主要包括告警检测机制和性能检测机制。

　　告警性能机制包括连续性检测和连通性检测，用于宿端维护端点检测两个维护端点之间的连续性丢失故障以及误合并、误连等连通性故障告警显示；

　　远端故障指示，用于将维护端点检测到故障这一信息通告给对端维护端点，类似于原有 SDH 的 BDI/RDI 告警；

　　环回检测，用于验证维护端点与维护中间点或对端维护端点间的双向连通性，以检测节点间及节点内部故障，进行故障定位，这项功能类似于原有 SDH 的环回功能，在判断故障点方面非常有效，而且可用于对业务开通前的长期性能检测；

　　锁定指示，用于因管理维护目的而中断业务后，将该信息通告宿端维护端点，并上插客户层，进行告警压制，避免引起不必要的冗余告警。

　　在 OAM 功能方面，PTN 设备提供以下 T-MPLS OAM 功能：连续性和连通性检查（CC）、前向缺陷指示/告警指示信号（FDI/AIS）、远端缺陷指示（RDI）、环回（LB）、测试（TST）、锁定（LCK）、客户层失效（CSF）、丢包检测（包括单向和双向丢包检测

LM）、时延测量（单向、双向检测 DM）等。在日常维护过程中，只要针对各个层面的告警进行定期查看及处理，基本就能保持网络的正常运行。

性能检测机制包括支持 LSP/PW 实时丢包率检测功能和时延检测功能，并且保证一定的精度，包括丢包测试，实现近端或远端丢包测量；双向时延测量，实现单端或双端时延及抖动测量。

PTN 设备的 OAM 引擎通过硬件实现，高速可靠，可避免软件实现过程中因处理 OAM 数量增加而导致的性能下降。该设备可实现最快 3.3ms 的 OAM 协议报文插入。3 个协议报文周期完成故障检测，10ms 内完成连续性检测，保证 50ms 内完成倒换全过程。

二、PTN 网络的故障管理和维护机制

由于 PTN 设备承载移动核心业务——基站业务及大客户接入业务，所以 PTN 设备及组网的可靠性尤为重要。PTN 设备分为设备级保护和网络级保护，设备级保护包括主控和通信处理板、交叉和时钟处理单元的 1+1 保护，TPS 保护（支路端口保护）、电源的 1+1 保护以及风扇的保护。这些功能能够提高设备自身的生存性，同时具有完善的网络级保护和恢复能力。

网络级保护包括基于 MPLS-TP 的线性保护（1∶1 和 1+1 保护），以及环网保护（环回和回传保护）、以太网 LAG 保护等。

基于 MPLS 隧道的线性保护 1∶1 和 1+1 保护，1+1 保护模式下业务双发选收，1∶1 模式下业务单发单收。在环网保护中，环回方式是基于故障相节点的环回保护倒换，回传方式是基于业务端到端的保护倒换，同时环网保护应支持单环保护、环相交、环相切等保护功能，实现对接点和链路的单点或多点故障的保护。

链路聚合（Link Aggregation Group，LAG）是指将一组相同速率的物理以太网接口绑定在一起作为一个逻辑接口（链路聚合组）来增加带宽，并提供链路保护的一种方法。链路聚合的优势在于增加链路带宽，提高链路可靠性。当一条链路失效时，其他链路将重新对业务进行分担，此外还可实现负载、流量分担到聚合组的各条链路上。

以太网 LAG 保护可以实现端口的负载分担和非负载分担，在负载分担方式下，设置链路聚合组后，设备会自动将逻辑端口上的流量负载分担到组中多个物理端口上。当其中一个物理端口发生故障时，故障端口上的流量会自动分担到其他物理端口上。当故障恢复后，流量会重新分配，保证流量在汇聚的各端口之间的负载分担。在非负载分担模式下，聚合组中只有一条成员链路有流量存在，其他链路处于备份状态。这实际上是一种热备份机制，因为当聚合组中的活动链路失效时，系统将从聚合组中处于备份状态的链路中选出一条作为活动链路，以屏蔽链路失效。

通过硬件方式实现 OAM 引擎，保证各种保护方式的业务中断时间不大于 50ms。保护倒换后，高优先级业务（如信令、同步报文、语音等）的网络质量（误码/丢包率、时延、抖动等）均不会降低。

4.2 PTN 网络的运维管理规范

根据 3G 承载和全业务发展的需要，越来越多的运营商选用 PTN 作为下一代传输网的主要技术，PTN 采用基于 MPLS 标签的弹性管道技术，与传统的 SDH 技术在性能指标和维

护要求上存在较大差异，需要重新探讨相关的维护实施细则，以确保 PTN 网络的稳定高效运行。

4.2.1　PTN 网络维护组织架构及职责分配

PTN 的维护管理应按照统一领导，分级立体管理原则，省级网络维护管理部门是全省 PTN 运行维护的主管部门，各地市级网络维护管理部门负责管辖范围内的 PTN 维护管理工作，详细职责划分如下。

一、省公司网络部职责

（1）负责全省 PTN 维护的职能管理工作；

（2）贯彻总部 PTN 维护管理规定，根据本省情况制定切实可行的维护实施细则；

（3）负责落实总部 PTN 运行质量考核指标和考核办法，建立质量分析制度和质量监督体系；

（4）负责制定省内 PTN 维护作业计划；

（5）负责组织本省各级维护人员的技术、业务交流及培训；

（6）指导各地市公司制定 PTN 的应急方案；

（7）负责制定年度维护费用计划，并对维护费开支进行审核。

二、省公司网管中心职责

（1）在总部和网络部指导下，负责做好本省 PTN 集中监控，负责对 PTN 网络进行 7×24h 实时监控，并负责跟踪各地故障处理；

（2）负责全省 PTN 运行质量分析与管理；

（3）负责全省 PTN 技术支援工作；

（4）负责制定全省 PTN 设备、软件和资源管理规范。

三、地市网络部职责

（1）贯彻执行省公司制定的 PTN 维护实施细则，制定适合本地区的 PTN 网络的运行维护管理制度；

（2）负责落实省公司 PTN 运行质量考核指标和考核办法，落实质量分析制度和质量监督制度；

（3）负责 PTN 的日常维护、资源管理、软件装载、数据制作等工作；

（4）根据 PTN 网络运行质量和网络预警、制定并实施相应的优化方案；

（5）根据省公司要求制定并落实本地区 PTN 维护作业计划；

（6）参与审定辖区内 PTN 网络建设和优化方案，参加工程随工和验收；

（7）定期组织本地各级维护技术人员进行技术培训和经验交流。

四、地市网络部职责

（1）执行省公司及地市分公司制定的 PTN 维护实施细则；

（2）负责属地内 PTN 的现场维护工作；

（3）参加属地内工程随工和验收。

4.2.2　PTN 与其他专业的职责划分

一、与工程部门的界面

工程部门负责 PTN 设备安装工程；

工程部门组织设备工程验收工作，在维护部门的配合下，验收合格即正式移交维护；

工程部门在验收后提供维护必须需要的工程资料，单纯软件升级由维护部门负责。

二、与业务网的界面

PTN 与业务网之间，以 PTN 进入业务网机房的第一个光纤配线架（Optical Distribution Frame，ODF）或数字配线架（Digital Distribution Frame，DDF）接线端子为界，业务网一侧由业务网专业负责，另一侧由传输专业负责。

ODF 或 DDF 安装在业务网机房由业务网维护人员负责，安装在传输机房由传输维护人员负责，安装在综合机房，原则上由传输专业负责，也可协商确定。如无 ODF 架，PTN 侧连接跳纤由传输专业负责，BBU 侧由无线专业维护。

4.3　PTN 例行维护

在不同的运行环境中，PTN 网络能否稳定可靠运行，取决于有效的例行维护。例行维护的目的就是要防患于未然，及时发现并解决问题。

按照维护周期的长短，维护可以分为日常维护、周期性维护和突发性维护。

日常维护是指每天必须进行的维护项目。它让我们随时了解设备运行情况，及时发现问题、解决问题。对在维护中发现的问题必须详细记录故障现象，以便及时维护和排除隐患。

周期性维护是指定期进行的维护。通过周期性维护，可以了解设备的长期工作情况。周期性维护又分为月度维护、季度维护和年度维护。

突发性维护是指由于 PTN 设备的故障、网络调整等带来的维护任务。

4.3.1　例行维护的原则

例行维护是预防性维护，其基本原则：在维护工作中及时发现并解决问题，防患于未然，将故障消灭在萌芽状态，保证 PTN 系统和网络的正常运行。

目前的通信设备，在机柜、电路板、功能设置等方面都考虑了用户在维护方面的要求，提供了强大的维护功能，如以下功能。

提供声光告警，当有紧急情况发生时，提醒维护人员及时采取相应措施。

各电路板运行状态指示灯，协助维护人员及时定位故障和处理故障。

通过网管系统动态监视网络中各站点的故障发生情况。

依据网络配置，实时对网络运行状况、服务质量等进行监视，当业务异常中断时，自动对业务提供保护。

公务电话功能，为各站维护人员提供专用通信通道。

4.3.2　PTN 机房具体维护项目与维护周期

PTN 网络的例行维护包括：日维护项目、周维护项目、月维护项目和年维护项目。具体要求如表 4-1 所示。

表 4-1　　　　　　　　　　　机房具体维护项目与维护周期

序号	维护项目	维护状况	维护周期	备注
1	设备运行环境	湿度（正常 40%～60%）	日	
2		温度（正常 15～30℃）	日	
3		机房清洁度（好，差）	日	
4	设备运行状态检查	机柜顶端指示灯状态	日	
5		单板指示灯状态	日	
6		设备表面温度	日	
7		设备表面、机架与配线架清洁	月	
8		列头柜电源熔丝及告警检查	月	
9		设备风扇状态检查与清洁	月	
10		机房巡检、包括 DDF、ODF 接头目测等	月	
11		定期清洁防尘网	月	
12		接收转换输出电压	年	
13		地线连接检查	年	
14		电源线连接检查	年	
15		槽道侧盖板清洁	年	
16	备件情况检查	备品备件调用、返修情况	月	
17	其他	工具、仪器和资料检查	季	

一、PTN 网管日常维护

PTN 网管日常维护如表 4-2 所示。

表 4-2　　　　　　　　　　　PTN 网管日常维护

序号	作业计划名称	详细内容	周期	备注
1	网管数据与状态	系统重要进程运行状况	日	
		网管网络连接情况检查		
		网管数据完整性、准确性、及时性检查		
2	系统状态检查	系统服务器 CPU、内存及硬盘使用状况	周	
		数据库存储空间检查		
		防病毒软件的病毒库更新		
		检查系统病毒情况		
		删除旧的临时文件		
		系统日志检查		
		机房设备巡检和系统部件运行状态检查		

续表

序号	作业计划名称	详细内容	周期	备注
3	数据备份及系统补丁检查	备份网元数据库到网管服务器	周	
		数据库安全备份	月	
		网管应用软件及 License 文件备份		
		Windows 补丁发布情况检查和安全补丁下载		
4	系统安全	NTP 服务器运行状态检查和服务器主机状态时钟校准	季	
		网管防火墙策略检查		
		服务器系统账户安全管理		
		网管系统账户安全管理		
		检查系统服务端口开放状态		
5	应急演练	网管 1：N 备份应急方案演练	半年	

二、系统运行维护

PTN 设备维护作业计划项目如表 4-3 所示。

表 4-3　　　　　　　　　　　　　　PTN 设备维护作业计划项目

序号	作业计划名称	详细内容	周期	备注
1	RMON 性能监测	浏览 RMON 统计组性能	周	
2	设备历史性能检查	检查 24h 性能	周	
3	线路板光功率检查	提供光功率查询功能的所有光口	月	
4	通道流量检查	网管 PTN 设备端口 GE 实际流量带宽统计，每次不低于 24h	月	
		网管 PTN 设备端口 10GE 实际流量带宽统计，每次不低于 24h	月	
5	网元时钟设置与跟踪状态	检查网元时钟设备数据，确认跟踪状态	月	
6	安全及倒换测试	APS 倒换	季	
		设备倒换	半年	

4.4　PTN 故障处理

PTN 网络由于受各种外界环境因素影响或部分元器件的老化与损坏，有可能不能正常运行。一旦网络出现故障，就要求维护人员能迅速判断故障的性质、位置，以便使业务恢复正常。

4.4.1　故障分类

（1）按照故障影响范围和严重程度将故障分为重大故障、严重故障和一般故障。

重大故障：引起业务侧重大故障的传输故障定义为重大故障。

严重故障：业务侧未构成重大故障的情况下，传输骨干层设备、汇聚节点设备或落地设备失效发生网络阻断情况的故障。

一般故障：除重大故障和严重故障之外的其他故障为一般故障。

（2）按照故障发生的原因和性质将故障分为业务故障和设备故障。

业务故障：由于设备不能正常运行数据设置错误、互联互通故障、人为差错等各种原因，造成某项或若干项业务质量下降甚至中断的故障。

设备故障：本地网内的主备用设备因各种原因不能正常运行，对业务正常运行造成隐患，但尚未影响业务。

在业务故障和设备故障同时出现的情况下，定义为业务故障。

4.4.2　故障处理中的职责划分

省公司维护部门负责跟踪协调跨地区的业务故障处理。

地市公司网络维护部门负责属地设备的故障处理，以及现场配合省公司处理各类业务和设备故障。

PTN 采用集中监控的维护方式，省、市二级监控中心是 PTN 告警监控及派单的责任部门。

PTN 的故障处理要充分发挥网管监控的作用，尽早发现和处理故障，压缩故障历时，做好问题闭环。各级维护人员在处理业务或设备故障时，要服从上级网管监控值班人员的统一指挥，做好查障、排障的配合工作。障碍的处理要按照先抢通、后维修的原则处理。

4.4.3　故障定位的原则

故障定位应遵循"先外部，后传输；先单站，后单板；先线路，后支路；先高级，后低级；先调通，再修复"的原则。

先外部，后传输。在定位故障时，应首先排除外部的可能因素，如断纤、交换侧故障。

先单站，后单板。在故障定位时，首先应尽可能准确地定位出是哪一个局站，然后定位出是该局站的哪一块单板。

先线路，后支路。线路板的故障常常会引发支路板告警，因此在进行故障定位时，应遵循"先线路，后支路"原则。

先高级，后低级。即进行告警级别分析，首先处理高级别告警，再处理低级别告警。

先调通，再修复。在故障发生时，应先把业务恢复起来，再进行故障的查找与处理。

4.4.4　故障处理的基本流程

一、故障处理的基本流程

故障处理流程如图 4-1 所示。

故障处理流程说明如下。

1．观察并记录故障现象

首先应该仔细观察和了解故障的各种现象并记录下来。进行故障记录时，力求做到对故障发生的全过程进行真实、详细的记录。对于故障发生的时间，在故障前后所做的操作等重要信息都要进行详实的记录。同时对于网管中的告警信息、性能事件等重要数

据也要进行保存。

2. 收集故障相关信息

了解故障现象后，需要收集有助于查找故障原因的更详细信息。如网管结构是否有变动，网管配置是否有更改等。

3. 经验判断和理论分析

利用观察的故障现象和收集的故障信息，根据故障处理经验和所掌握的设备知识分析故障的可能原因。

4. 各种可能原因列表

列出根据经验判断和理论分析后总结的各种可能原因。

5. 对可能原因进行排查

根据所列出的可能原因制定相应的故障排查计划并进行操作，分析最有可能的原因。

6. 观察故障是否排除

当针对某一原因执行了排查操作后，需要对结果进行分析，判断问题是否解决，是否引入了新的问题。如果故障依然存在，则联系厂家技术支持工程师；如果故障已解决，则填写问题处理报告。

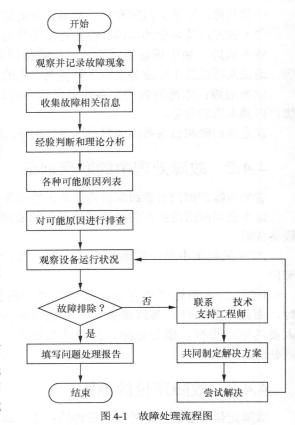

图 4-1　故障处理流程图

7. 联系技术支持工程师共同排查故障

如果遇到某些困难无法排除故障时，可以联系技术支持工程师一同制定解决方案，处理故障。

8. 填写问题处理报告

故障排除后，需要对所做的工作及时记录。对工作经验进行总结的同时，也为类似的故障提供可参考的处理信息。

处理报告中需要重点记录以下内容。

故障现象描述及收集到的相关信息。

故障发生的可能原因。

对每一可能原因制定的方案和实施结果。

排查过程中接触到的设备和使用的仪表清单。

排查过程的心得体会。

其他：如在排查过程中使用到的参考资料等。

根据现网中处理网元脱管或业务中断等故障的经验，一般遵循"一分析，二倒换/复位，三拔板"的处理方案。为保证 PTN 网络的稳定运行，尽量减少突发事故，做好设备的日常维护。

二、处理故障之前的信息采集

处理故障之前，及时采集和记录故障的相关信息，有助于故障的快速定位和排除。当网

络中发生故障时，需要及时收集以下有关故障的网元或业务的信息。

故障发生时机：是网元或业务创建后即产生，还是正常运行时突然出现。

网络中是否有人为操作。

业务定位信息：包括业务 ID、业务属性等。

业务的完整路径，包括源节点、目的节点、transit 节点。

业务的源宿端口信息。

业务所在的 Tunnel 和 PW 信息。

业务涉及的保护信息，包括 APS 保护、LMSP 保护等。

告警信息。

各种相关性能统计，包括业务涉及的端口性能统计，业务本身的性能统计等。

处理过程中，维护人员要及时记录故障现象、告警、性能及详细的处理过程，便于对故障进行准确定位和处理，防止真正的故障还遗留在网络中，对网络稳定运行构成威胁。

4.4.5　故障分析和定位方法

处理故障时，应从分析故障现象开始，尽快定位到故障的原因。本节介绍各类分析和定位故障的方法的特点、应用场景和应用示例。

一、告警分析法

告警分析法是定位故障的常用方法之一。当设备发生故障时，一般会伴随大量的告警。通过对告警的分析，可大概判断出发生故障的类型和位置。

1. 通过 T2000 查询告警

只要在 T2000 主视图的网元图标上单击右键，就可以查询以下告警信息。

（1）当前告警；

（2）网元侧历史告警；

（3）网管侧历史告警。

通过分析、定位告警产生的原因，清除告警，并排除故障。

注意

通过 T2000 获取告警信息时，应注意保证网络中各网元的当前时间与网管时间同步。倘若网元当前时间与网管时间不同步，将导致信息上报错误。在维护过程中，对某网元重下配置后，应特别注意将该网元的当前时间与网管时间同步。否则网元会工作在默认时间里，而默认时间并不是当前时间。

2. 示例

简单组网中，一般情况下清除告警的同时，故障也随之排除。如图 4-2 所示的链路图中，网管计算机连接到 NE2。

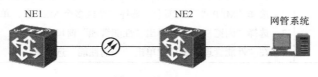

图 4-2　链形组网图

故障现象：NE1 和 NE2 之间的 E-Line 业务中断，NE2 上报 ETH_LOS 告警。

故障分析定位：排查 ETH_LOS 告警产生的可能原因，最终定位出业务中断故障的原因。清除告警后，业务恢复正常，故障排除。

二、性能统计分析法

性能统计分析法也是定位故障的常用方法之一。判断单板、端口、业务、MPLS Tunnel 的性能统计数据是否正常，可以判断是否存在故障。

1．判断标准

对于不同的性能统计对象，其检查标准如下。

（1）对于单板，其工作温度、CPU 占用率，以及内存占用率应正常。

（2）对于端口，应没有产生或接收误码。

（3）对于 MPLS Tunnel 以及以太网业务，应没有丢包或错包现象。

2．性能统计的操作步骤

可以浏览当前 15 分钟的性能数据、当前 24 小时的性能数据，以及连续严重误码秒的情况。

（1）进入"网元管理器"。

（2）按照如表 4-4 方式进入性能浏览界面。

（3）选择监视的对象以及该对象的监视周期。

（4）单击"查询"来查询网元侧的数据。

（5）判断查询到的性能统计数据是否正常。

3．示例

（1）两个网元通过 GE 光口对接，业务运行正常，但二者之间的 DCN 通信时断时续，也无告警上报。

（2）沿 DCN 报文的路由方向，对各芯片、端口分别启动性能统计，发现 DCN 报文的某段流队列的入报文统计值为 192，远远大于出报文的统计值 3，大量 DCN 报文被丢弃。

（3）进一步分析，发现由于单板存在故障，导致处理 DCN 报文的芯片初始化失败。更换故障单板后，故障排除。

表 4-4   进入性能浏览界面方式

对象	浏览入口
物理端口/单板	在网元管理器中选择相应的单板，在功能树中选择"性能 > 当前性能"
MPLS Tunnel	1．在功能树中选择"配置 > MPLS 管理 > 单播 Tunnel 管理"。 2．选中一条或多条 Tunnel，单击右键 3．选择"浏览性能"，弹出"性能管理"窗口 4．在"性能管理"窗口中单击"当前性能"选项卡
以入网业务	1．在功能树中选择"配置 > 以太网业务"，选择相应的业务类型 2．选择"MEP 点"选项卡，选择一个或多个 MEP 点，单击右键 3．选择"浏览性能"，弹出"性能管理"窗口 4．在"性能管理"窗口中单击"当前性能"选项卡

三、MPLS OAM 分析法

MPLS OAM 机制可以有效地检测、确认并定位出源于 MPLS 层网络内部的缺陷和网络性能的监控。设备可以利用 OAM 的检测状态来触发保护倒换，实现快速故障检测和业务保护。

1. MPLS OAM 简介

MPLS OAM 应用于 PTN 设备组网的网络侧（NNI 侧），该区域具有以下特点。

（1）网元多。一条 MPLS Tunnel 往往经过多个网元。

（2）组网复杂。Tunnel 可能需要穿通第三方网络，存在很多导致故障的不确定因素。

（3）规划整改，扩容变化多。

2. MPLS OAM 定位故障

通过在 Tunnel 的两端网元上使能 MPLS OAM，并查看 LSP 状态，可以轻易定位到存在故障的网元。

（1）在网元管理器的功能树中选择"配置 > MPLS 管理 > 单播 Tunnel 管理"，单击"OAM 参数"选项卡，选中待操作的 Tunnel，配置合适的参数，在"OAM 状态"下选择"使能"。

（2）单击"应用"。在弹出的"操作结果"对话框中单击"关闭"。在窗口右角下的"OAM 操作"菜单中选择"查询 LSP 状态"，如图 4-3 所示。

图 4-3　OAM 菜单

（3）查看"LSP 状态"，正常情况下应该是"近端可用状态"或"远端可用状态"，如图 4-4 所示。若出现其他状态时，根据"LSP 缺陷位置"可定位到出现故障的网元。

静态Tunnel	OAM 参数	FDI		
D...∧	LSP状态 ∧	LSP缺陷类型 ∧	LSP禁用... ∧	LSP缺陷位置 ∧
	近端缺陷不可用状态	dLOCV	655350	46.1.0.10
	远端可用状态	-	-	-

图 4-4　查看"LSP 状态"

（4）根据相应的"LSP 缺陷类型"，选择清除告警，检查光纤连接或确认端口、Tunnel、业务的配置参数等方法，排除故障。

四、配置数据分析法

配置数据分析法是指，通过在网管上分析业务的参数配置，找到配置错误的参数，从而定位故障的方法。

当 Tunnel 或业务创建后不通，或在网管上修改部分参数后业务突然中断时，可以使用配置数据分析法来定位故障。

一般情况下，对照网元规划表即可找出网元上配置错误的参数。当 PTN 设备与第三方设备对接时，由于两端的某些参数默认取值不一致，要特别注意两端参数的匹配问题。

采用配置数据分析法时，一般可遵循以下步骤。

（1）检查网元的网元 ID、网元 IP、LSR ID 等参数是否配置正确。

（2）对照网元规划表，检查端口状态和参数配置。端口参数配置错误是现网中导致故障最常见的原因之一。

● 对于以太网端口，确认端口是否已使能。检查"端口模式"、"封装类型"、"工作模式"、"TAG 标识"、"缺省 VLAN ID"、"Tunnel 使能状态"、"IP 地址"等参数是否配置正确。

● 对于 SDH 端口，检查"端口模式"、"封装类型"、"通道化"、"端口类型"、"Tunnel 使能状态"、"时钟模式"等参数是否配置正确。

● 对于 PDH 端口，检查"端口模式"、"封装类型"、"帧格式"、"阻抗"、"帧模式"等参数是否配置正确。

● 对于 IAM 组，检查"协议版本"、"最小激活链路数"、"协议使能状态"、"时钟模式"、"ATM 信元载荷加扰"、"VPI"、"VCI"等相关参数是否配置正确。

● 对于第三方设备的端口，需要确认以太网端口工作模式、VC12 线序模式或时钟模式是否与 PTN 设备匹配。

（3）检查 Tunnel 两端网元上的参数配置是否匹配，是否选择了正确的端口。

（4）检查以下 PW 参数配置。

● PW ID 是否正确。

● PW 是否已使能。

● PW 的出入标签是否一致。

● PW 是否选择了正确的端口或 Tunnel。

● 对于 CES 业务，确认"报文装载时间"和"抖动缓冲时间"是否配置正确。

五、仪表测试分析法

仪表测试分析法一般用于定位设备的外部问题及其他设备的对接问题。

1．常用仪表介绍

定位故障的常用仪表主要有以下几种。

（1）万用表

根据不同需要可以将万用表调制电压档或电阻档，对怀疑的故障点进行电压或电阻测试。如设备接地电压、电源电压等。

（2）误码仪

用于测试传输通道中存在的误码情况，如误码数、误码率、误码秒等。一般是将需要测试的通道进行环回，通过误码仪发送伪随机码，并在误码仪上查看所测试到的通道误码情况。

（3）光功率计

用于测试单板的接收和发送光功率。

（4）电缆测试仪

用于测试电缆的端子对在最大额定电流下的电压降，从而可推断电缆的连通情况和传输质量。

（5）网络分析仪

用于网络性能的测试和分析，测试内容较丰富。如最大线速、数据流量、帧长、吞吐量、丢包率及网络延时等。

2. 示例

　　下面以网络分析仪定位故障为例说明仪表测试法的思路。

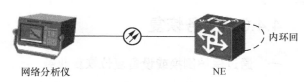

图 4-5　网络分析仪和设备的连接

　　某网络的业务中断，需要对设备故障进行逐一排查。按图 4-5 所示，将网络分析仪与设备正确连接，同时在 NE 上进行内环回，对 NE 进行丢包率的测试。

　　对网络分析仪进行正确的设置，向 NE 发送数据包。根据网络分析仪上显示的丢包率结果，可判定是否由于 NE 的丢包过多导致业务中断。如果数据正常，可确定 NE 工作正常。可再对其他网元进行测试。

六、环回法

　　环回法是定位故障时常用而且行之有效的一种方法，可以将故障尽可能准确地定位到单站。设备维护人员应熟练掌握。

　　环回操作分为软件环回和硬件环回，这两种方式各有所长。

　　软件环回即在 T2000 上配置环回，操作方便，但定位故障的范围和位置不够准确。比如在单站测试时，配置光口为内环回，即使业务测试正常，也不能确定该单板的接口模块没有问题。

　　硬件环回即使用光纤或者电缆环回端口，相对于软件环回而言，硬件环回更为彻底。若通过尾纤将光口自环后，业务测试正常，则可确定该单板是好的。但硬件环回需要到设备现场才能进行操作。另外，光接口在硬件环回时要避免接收光功率过载。

七、排除法

　　在处理业务故障时，可以首先检查与其他业务的共用路由部分是否存在故障。排除运行正常的部分，以缩小故障定位的范围。

　　以下面的示例说明排除法的思路。

　　如图 4-6 所示。NE01 与 NE02 之间的动态 Tunnel 创建失败，但 NE03 与 NE02 之间可以正常创建动态 Tunnel，因此可以判断故障发生在 DSLAM 或与其对接的链路上。使用仪表检测，确定 IS-IS 协议报文在经过 DSLAM 时被丢弃。

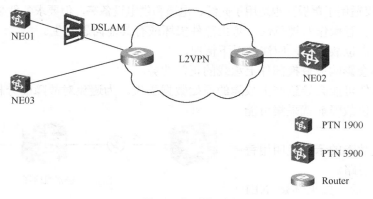

图 4-6　组网图示例

4.4.6 业务恢复

一、通过保护倒换或设备复位恢复业务

如果一时无法定位到故障原因进而排除故障，可以先将业务倒换到正常的路径上，或者复位相关的网元或单板，以恢复已中断的业务或已脱管的网元。

1. 倒换

倒换可分为单板级倒换和业务级倒换。单板级倒换类型有单板 1+1 保护倒换和 TPS 保护倒换。

当保护板在位且工作正常时，可以执行保护倒换，尝试恢复业务。若设备没有保护板，可以使用备件创建临时的保护组，再执行保护倒换。业务级倒换类型有 APS 保护倒换和线性复用段（LMSP）保护倒换。

如果由于保护倒换失败导致业务中断，可以删除已失效的保护组，另行创建可正常运行的新保护组，并将业务倒换到新的路径上。

2. 复位

复位可分为网元级复位和单板级复位。

当网元被攻击，并出现以下故障时，可考虑复位网元。

- DCN 风暴
- DCN 通信中断，网元脱管
- CPU 占用率达到 100%

单板复位又分为软复位和硬复位。单板复位后可以恢复正确的程序和数据。若单板配置了 1+1 保护组，硬复位会触发保护倒换。

二、通过更换单板恢复业务

如果一时无法定位到故障原因，又没有备用路由用于业务倒换，而且复位单板无效时，需要考虑更换单板。事实上，很多故障的最终处理方案就是更换单板。

在复杂的组网环境中，尤其当 PTN 设备与第三方设备对接时，一些故障很难通过常用的分析方法定位出原因。为了尽快恢复业务，可以采用替换法，用工作正常的部件去更换被怀疑故障的部件。

替换法不仅仅适用于单板，也适用于光纤、电缆和供电设备等，但要求备件必须是完好的。替换时需要注意操作的规范性，防止部件损坏或有其他问题发生。

采用替换法定位故障时，应注意以下情况。

- 确认不会影响被替换部件上承载的正常业务。
- 替换部件可能会导致产生故障的原始数据丢失。为避免对故障的分析造成影响，建

议在用替换法定位故障前就采集可能的故障数据。

下面以单板故障的示例说明用替换法定位故障的思路。

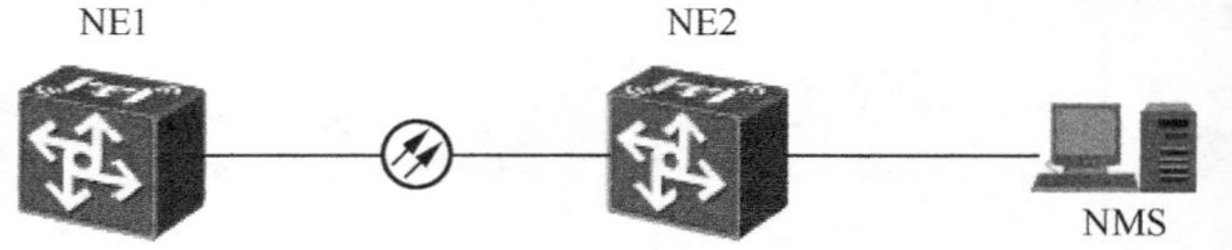

如图 4-7 所示，如果怀疑 NE1

图 4-7　链形组网图

和 NE2 之间的 E-Line 业务中断是由于单板故障导致的，可用正常的备件替换怀疑故障的单

板进行工作。如果业务恢复，说明是由于单板故障引起业务中断的。

4.4.7　业务中断故障的应急处理

一、流程图

通过图 4-8 对 OptiX PTN 3900 设备的应急处理流程进行说明。

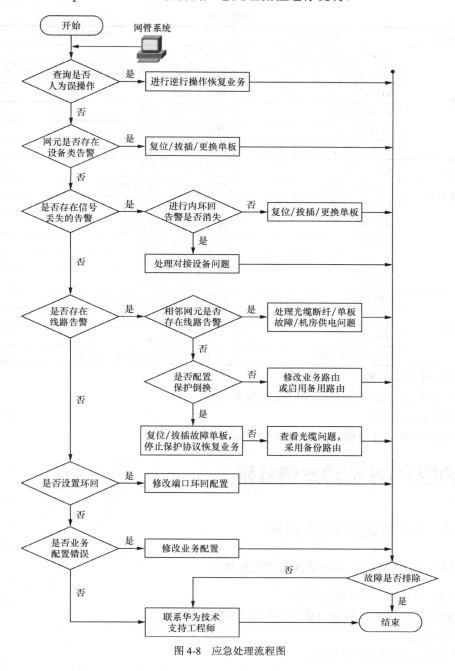

图 4-8　应急处理流程图

1．查询误操作

查询故障发生前是否有误操作，如添加或删除业务、更改配置等。如果存在误操作，要根据故障发生前的操作情况进行逆向操作恢复业务。

2．检查告警

发生业务中断时，需要检查设备是否存在如表 4-5 所示的告警。如果存在，应先排除告警指示的故障。

表 4-5   告警说明

告警类型	告警名称	告警说明
设备类告警	POWER_ABNORMAL	电源失效
	FAN_FAIL	风扇故障会导致设备温度增高，影响正常运行
	BD_STATUS	单板不在位
	HARD_BAD	单板硬件错误报告
	SYN_BAD	时钟同步源劣化
	NESTATE_INSTALL	网元处于安装态
信号丢失告警	ETH_LOS	以太网口连接丢失
低阶业务失效告警	TU_AIS_VC12	VC12 级别的 TU 告警指示
	TU_LOP_VC12	VC12 级别的 TU 指针丢失
线路告警	R_LOS	接收线路侧信号丢失
	R_LOF	接收线路侧帧丢失
	R_LOC	接受线路侧无时钟
	R_OOF	接收线路侧帧失步
其他高低阶告警	HP_TIM	高阶通道追踪识别符失配
	HP_SLM	高阶通道信号标记失配
	HP_UNEQ	高阶通道未装载
	LP_UNEQ_VC12	VC12 级别低阶通道信号未装载

3．检查环回和装载

检查业务路由上是否设置了环回或通道未装载。

4．检查业务配置

按照业务路由，逐段检查业务配置的正确性。

4.5 典型 PTN 故障案例分析

4.5.1 DCN 通信失败案例

一、MC-A4 IP 地址冲突导致网元间歇性脱管

1．产品： OptiX PTN 系列产品

2．故障类别： DCN 故障（网元 IP 地址冲突）

3．现象描述

DCN 故障示例如图 4-9 所示。

- 两台非网关网元 NE10 和
NE30，分别通过 ML-PPP 连接第三
方 SDH 设备，再连接到 NE08 与网
管保持通信。

- NE10 和 NE08 已配置业务且
正常运行，NE30 为新创建的网元，
未配置业务。

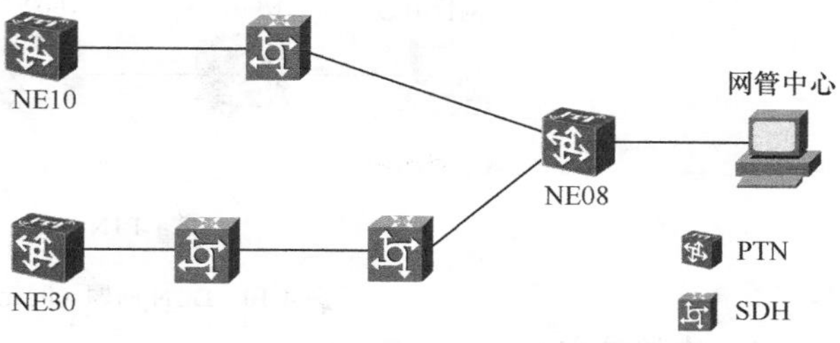

- NE30 创建后，NE10 和
NE30 一直处于间歇性脱管状态，网管也重复上报。

图 4-9　DCN 故障（网元 IP 地址冲突）示例

- NE_COMMU_BREAK 和 NE_NOT_LOGIN 告警，但 NE10 和 NE08 上的业务未受影响。

4. 告警信息

网管上报告警 NE_COMMU_BREAK 和 NE_NOT_LOGIN。

告警的详细解释，请参考 OptiX iManager T2000 联机帮助。

5. 原因分析

因 NE30 创建前，NE10 运行正常，原因分析如下。

- 可能原因 1：DCN 通道质量变差，例如带宽不够，或有误码。
- 可能原因 2：网元 IP 地址冲突。

6. 操作步骤

步骤 1　因 NE30 未创建业务，首先检查 NE10 的 ML-PPP 端口状态，发现链路无问题，且业务一直都是正常。基本排除 DCN 通道质量问题。

步骤 2　查看 NE30 的网元 IP，发现与 NE10 某 DCN 通道核心路由重复，确认为 NE30 网元 IP 设置错误。

步骤 3　在网管上更改 NE30 的网元 IP，返回提示成功后，发现该两个网元仍出现间歇脱管。重复更改 NE30 网元 IP 的操作一次，故障依旧。

步骤 4　尝试查询 NE30 网元信息，重复数次后终于查询到需要的信息，但 NE30 网元 IP 仍为修改前的错误值，网管上修改 NE30 网元 IP 的操作并未成功。

步骤 5　多次重复修改 NE30 网元 IP 的操作，直至网元间歇性脱管故障消失。

提示:

排查故障原因时，应该首先从可能触发故障的外部原因入手。本例中故障的触发条件即是新增的 NE30 网元。

一旦网元出现间歇性脱管，在网管上信息查询和下发命令会非常困难，致使定位进度缓慢，有时必须亲自到现场处理。

当登录网元困难时，需要多重复执行几次登录操作。

二、MC-A12 网元 ID 重复导致无法远程登录网元

1. 产品：OptiX PTN 系列产品
2. 故障类别：DCN 问题（网元 ID 重复）
3. 现象描述

如图 4-10 所示，新建的 PTN 网络中，NE01、NE02 和 NE03 三个 PTN 网元构成链形拓扑。可以从 NE02 远程登录到 NE03，但从 NE01 却无法远程登录 NE03。

 PTN 1900   PTN 900

图 4-10   DCN 问题（网元 ID 重复）示例

4. 告警信息

无。

5. 原因分析

* 可能原因 1：网元 NE03 存在硬件故障导致 DCN 不通。
* 可能原因 2：网络配置错误。

6. 操作步骤

步骤 1　查询 NE03 的相邻网元路由，发现 NE03 的直连路由显示为 NE01 和 NE02 的网元 ID。

步骤 2　复位 NE03 后，故障依旧。

步骤 3　现场调查 NE03，发现 EFG2 单板的一个光口连接 NE02，另一个原本应该是空余的光口，其 L/A2 指示灯却在闪烁，证明该光口有数据正在传输。经询问，是客户自行将 NE04 网元连接到 NE03 上。

步骤 4　来到 NE04 站点，登录 NE04 后，发现 NE04 的网元 ID 与 NE01 的网元 ID 相同。

步骤 5　更改 NE04 的网元 ID 为该网络中未曾使用的 ID 号码。再从 NE01 远程登录 NE03，登录成功。

问题解决。

> 提示：
> PTN 系列产品的网元 ID 在 PTN 网络中是唯一的，不可以重复。
> 在使用设备前，请务必确认设备的默认网元 ID 与现网中的其它设备没有重复，如果重复则需要先修改网元 ID，再使用设备。
> PTN 系列产品的 LSR ID 也有同样的要求。

三、MC-A15 GE 端口工作模式不一致导致网元间通信中断

1. 产品：OptiX PTN 系列产品

2. 故障类别：DCN 问题（接口单元）

3. 现象描述

PTN 网元通过 GE 链路互联组网，设备间通过带内 DCN 通信。网元属性及 DCN 参数已经正确规划与配置。

现场安装设备时，发现多处相邻网元之间无法通信，但各网元均无告警上报。

4. 告警信息

无。

5. 原因分析

* 可能原因 1：设备主控板的通信单元异常。

- 可能原因 2：线路质量较差。
- 可能原因 3：网络侧直连两端口的速率不一致。
- 可能原因 4：网络侧直连两端口的基本配置不一致。

6．操作步骤

步骤 1　选择无法彼此通信的两个相邻网元，现场分别登录，可正常登录，且通信正常。

步骤 2　查看当前性能事件，链路上无误码，测试光功率也均在正常范围内。

步骤 3　检查两端网元上直接对接的光口，均为 GE 光口，且均使用 10km 距离的光模块。检查发现两个光模块的编码一致。

步骤 4　在网管上检查两个端口的属性配置，发现除"工作模式"不一致外（一端为"1000M 全双工"，一端为"自协商"），其他参数配置均一致。

步骤 5　将两端 GE 光接口的"工作模式"统一修改为"1000M 全双工"后，该相邻两个网元之间的通信恢复正常。又尝试将两端均改为"自协商"模式，通信也正常。

> 提示：
> PTN 设备间通过以太网链路进行连接，因此务必正确配置以太网接口的属性，并保证链路两端的端口属性一致。
> 以太网接口属性配置请参见《配置指南》中的配置以太网接口。

四、MC-A27 交换机误环回引发 DCN 风暴导致网元脱管

1．产品：OptiX PTN 系列产品。

2．故障类型：DCN 问题（网元脱管、第三方网络故障）。

3．现象描述

如图 4-11 所示，PTN 网络的网关网元穿越一个 IP 传送网络后，保持与网管中心之间的通信。

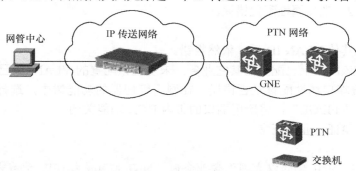

图 4-11　DCN 问题（网元脱管、第三方网络故障）示例

某日，PTN 网络中的非网关网元全部脱管，系统中出现大量 PLS_TUNNEL_LOCV 告警，业务中断。

4．告警信息

系统中出现大量 MPLS_TUNNEL_LOCV 告警。

5．原因分析

PTN 网络中出现 DCN 风暴。

6．操作步骤

步骤 1　检查该网关网元主控板上的 ETH 接口，发现该接口通过网线与 IP 传送网络中

一台路由器的 2 号接口直连。该路由器的 1 号接口连接网管，但 3 号接口与 4 号接口被另一条网线直连，产生了环路。

步骤 2　检查该交换机，发现该交换机并未配置 STP（Spanning Tree Protocol）等二层协议，无法自行解除业务环路。

步骤 3　据此分析，IP 传送网络中的大量 DCN 报文及其他管理、业务报文通过交换机的环路被引入 PTN 网络中，造成网关网元的 CPU 长期被完全占用，而 PTN 网络内非网关网元的 DCN 报文及其他协议报文无法得到处理，最终导致网元脱管，业务中断。

业务中断 15 分钟后，该网关网元自动软复位，但于事无补。

步骤 4　拔掉引发交换机环回的网线，PTN 网络恢复正常，故障解决。

4.5.2　与网管操作失败相关的案例

例：MC-A2 端口使能 DCN 导致端口承载的以太网业务不通

1．产品

OptiX PTN 3900，OptiX PTN 1900，OptiX PTN 910，OptiX PTN 950

2．故障类别：DCN 配置错误（）带内 DCN

3．现象描述

使用 T2000 网管配置端口承载的用户侧到网络侧的以太网汇聚业务。

UNI，NNI 及 VLAN 转发表项配置完成后，单击"应用"，报错"TAG ID 已经被使用"。

4．告警信息

无。

5．原因分析

- 可能原因 1：所使用的 VLAN ID 已经被其他业务占用。
- 可能原因 2：端口属性配置错误。

6．操作步骤

步骤 1　换用其他 VLAN ID 后，依然报错。

步骤 2　检查该网元上已配置的其它业务，未发现该配置的 VLAN ID 已被使用。

步骤 3　检查端口属性配置是否错误。在网元管理器的功能树中，选择"通信 > DCN 管理 > 端口设置 >FE/GE"，将所用端口的带内 DCN 功能关闭。

步骤 4　再次验证，业务正常。

> 提示：
> 配置 UNI 侧到 NNI 侧的以太网汇聚业务时，NNI 侧可选择 PW 承载或者端口承载。当选择端口承载方式时，业务必须独占端口，此时需禁止端口的带内 DCN 功能，否则网管会报错。

4.5.3　设备对接失败

介绍与设备对接失败相关的案例。

例：MC-A1 以太网接口属性配置错误导致设备与交换机对接失败

1．产品

OptiX PTN 3900，OptiX PTN 1900，OptiX PTN 910，OptiX PTN 950

2．故障类别：配置错误（以太网专线业务）

3．现象描述

两台 PTN 3900 通过由交换机组成的以太网网络，PTN 设备通过 ETFC 单板连接交换机。配置了由 IP Tunnel 承载的静态以太网专线业务后，业务不通，无法正常工作。

4．告警信息

无。

5．原因分析

- 可能原因 1：交换机组成的以太网网络异常。
- 可能原因 2：IP Tunnle 配置错误。
- 可能原因 3：承载业务的 PW 故障。
- 可能原因 4：以太网接口配置错误。

6．操作步骤

步骤 1　单独测试交换机组成的以太网网络，发现以太网两端可以互通，以太网网络正常。

步骤 2　查询 IP Tunnle 配置，本端接口和对端接口 IP 地址设置均正确，静态路由配置正确。

步骤 3　查看承载该以太网专线业务的 PW 的状态为"UP"。

步骤 4　查询以太网接口的基本属性，其"端口模式"为"二层"，"封装类型"为"802.1Q"。更改"封装类型"为"NULL"，再重新配置 E-Line 业务，发现业务可以正常工作。

> **提示：**
>
> PTN 设备的以太网接口的"封装类型"选择为"NULL"时，端口将透传接入的报文，且不处理链路层的封装。对于 IP Tunnel 承载的以太网业务，用户侧接口的"封装类型"必须设置为"NULL"。
>
> 配置 PTN ATM 业务时，需要了解 RNC 侧 VPI/VCI 参数，两者需要一一对应，如果遗漏部分 VPI/VCI 未配置，就会出现通信故障。

4.5.4　业务中断

下面介绍与业务中断相关的案例。

例：MC-A5 用户侧环回导致 E-LAN 业务出现广播风暴

1．产品：OptiX PTN 3900，OptiX PTN 1900

2．故障类别：配置问题（广播风暴）

3．现象描述

如图 4-12 所示，PTN 设备 NE13 和 NE14 作为核心节点，与非核心节点 NE10、NE17 和 NE12 构成环形拓扑，各网元上均配置了 E-LAN 业务。TELE2、DWDM、DSLAM 均为第三方设备。

该组网中，只有 NE10、NE17 和

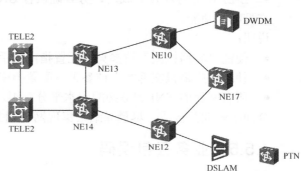

图 4-12　配置问题（广播风暴）示例

NE12 上创建了水平分割组，以隔离 PW 之间的流量，实现 E-LAN 业务保护，业务运行正常。

某日，网络出现大面积广播风暴，各 PTN 网元出现大量 FLOW_OVER 告警，业务中断。

4．告警信息

各 PTN 网元上报大量 FLOW_OVER 告警。

5．原因分析

一般情况下，产生网络广播风暴的原因，主要有以下几种。

- 原因 1：外部因素，例如网络病毒，黑客软件或网卡损坏发送大量无用的数据包。
- 原因 2：配置问题，水平分割组配置不合理。
- 原因 3：物理链路在用户侧出现环回。

6．操作步骤

步骤 1　紧急断开 NE14 和 NE12 之间的物理光纤，恢复业务。

步骤 2　分析组网后，在 NE13 和 NE14 上配置水平分割组，再恢复 NE14 和 NE12 之间的物理光纤，FLOW_OVER 告警消失。但与 NE12 对接的 DSLAM 的上网业务仍未恢复。

步骤 3　排查硬件故障，拔插 NE14 上与 TELE2 对接的单板。单板拔出中，DSLAM 的业务恢复。但单板重新插上并恢复正常工作状态后，DSLAM 上业务又中断。采取紧急措施，关闭 NE14 上与 TELE2 对接的光口，业务全部恢复。

步骤 4　排查对接的 TELE2 设备的原因。通过端口流量统计，发现 NE13 的 UNI 侧接口有大量流量流出，但未上报 FLOW_OVER 告警。

分析 TELE2 设备，发现 BPDU 报文使用私有协议并自带 VLAN，该报文可以在 PTN 网络中透传。因此排除 TELE2 设备的原因。

步骤 5　重新分析全网告警，发现 NE10 的一个 UNI 侧端口出现 FLOW_OVER 告警时，该端口的历史告警 ETH_LOS 消失。推测与该 UNI 侧端口对接的第三方设备上出现端口环回，导致网络出现环路。

步骤 6　经确认，发现与该 UNI 侧端口对接的 DWDM 设备上确实存在远端端口环回。

步骤 7　在 PTN 网络上使能"环路检测"和"广播报文抑制"功能。

提示：

网络突发故障时，应尽快恢复现网业务，之后再详细分析原因和采集日志，特别是同一时间出现的异常告警。

- E-LAN 业务配置完成后，务必确认各 UNI 侧端口使用了"环路检测"和"广播报文抑制"功能。

说明：

- 使能"环路检测"请参见《配置指南》手册中的配置以太网接口的高级属性。
- 使能"广播报文抑制"请参见《配置指南》手册中的设置广播风暴抑制。
- 所有网元的 NNI 侧务必配置水平分割组，彻底消除广播风暴隐患。

全面了解业务构成，尽量详细采集现网各相关组网的数据。

4.5.5　业务丢包误码

介绍与业务丢包误码相关的案例。

例：MC-A11 环回法定位 CES 业务大量误码的原因

1．产品：OptiX PTN 系列产品

2．故障类别：误码问题（单板故障）

3．现象描述

如图 4-13 所示的组网图中，用误码仪测出 BSC 与 BTS 之间的 CES 业务中存在大量误码。

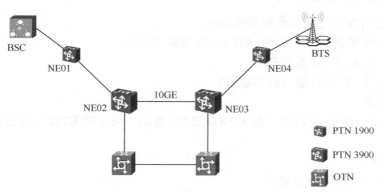

图 4-13　误码问题（单板故障）示例

检查发现 MPLS Tunnel 运行状态正常，OAM 报文正常，端口 PING 测试正常，使用 SmartBITs 测试业务无丢包。

4．告警信息

无。

5．原因分析

- 可能原因 1：光功率异常。
- 可能原因 2：业务配置问题，引起误码。
- 可能原因 3：第三方 OTN 设备故障，引起误码。
- 可能原因 4：PTN 设备单板故障，业务转发不正常引入误码。

6．操作步骤

步骤 1　在网元 NE01 上连接 SDH 分析仪做误码测试。将 NE04 的 L75 单板上的 2M 端口设置为"内环回"，SDH 分析仪显示有大量误码。

步骤 2　在 NE03 配置静态 ARP 表项，MAC 地址选择 NE03 的出端口，IP 地址选择 NE04。在 NE03 和 NE04 之间创建入标签和出标签相同的 Tunnel。

步骤 3　将 NE04 的网络侧端口设置为"外环回"，连接 NE01 的 SDH 分析仪仍然显示有误码。将 NE03 上连接 NE04 的网络侧端口设置为"内环回"，仍然有误码。

步骤 4　将 NE03 上连接 NE02 的网络侧端口设置为"外环回"，误码消失。据此判定问题出在 NE03 网元。

步骤 5　NE02 和 NE03 之间为一条 10GE 链路。将 CES 业务倒换至第三方 OTN 设备组成的网络中，绕过该 10GE 链路，并将 NE04 的 L75 单板上的 2M 端口设置为"内环回"，SDH 分析仪显示无误码。

据此判定 NE03 网元上对 NE02 对接的 10GE 线路板 EX2 故障。

步骤 6　更换该 EX2 单板，并将业务倒回原链路上，SDH 分析仪上无误码显示。

问题解决。

提示：

正确使用仪表，并结合端口环回是定位故障的重要方法之一。

4.5.6 告警无法清除

介绍与设备告警和性能事件相关的案例。

例：MC-A13 更换接口板后 HARD_BAD 告警未清除

1．产品：OptiX PTN 系列产品

2．故障类别：告警性能（硬件故障）

3．现象描述

PTN 1900 的 ETFC 接口板上报 HARD_BAD 告警，但更换 ETFC 单板后，HARD_BAD 告警未清除。

4．告警信息

接口板上报 HARD_BAD 告警。

5．原因分析

推测为当前 CXP 单板访问接口板时出现异常。CXP 单板上电时，单板内部的处理模块状态机会出现极小概率异常，造成部分接口板地址访问异常。

6．操作步骤

步骤 1　查询 CXP 单板的 1+1 保护状态，"当前板"为 2 槽位的 CXP 单板。

步骤 2　执行单板的 1+1 保护倒换，将"当前板"倒换到 1 槽位的 CXP 单板。ETFC 单板上报的 HARD_BAD 告警消失。

步骤 3　将"当前板"倒换回 2 槽位的 CXP 单板，ETFC 单板再次上报 HARD_BAD 告警。确定为 2 槽位的 CXP 单板故障。

步骤 4　硬复位故障的 CXP 单板，触发 CXP1+1 保护倒换。待 CXP 状态稳定后，再将"当前板"倒回至 2 槽位的 CXP 单板，告警未再出现。

问题解决。

4.6　PTN 网络质量管理

PTN 运行系统为"三层三平面"结构，"三层"即分为信道通道层、通路通道层、传输煤质层，传输煤质层又分为段层和物理层，"三平面"即为数据平面、控制平面和管理平面。PTN 通过在各层建立的检查体系，实现完善的质量控制。

省公司负责组织建立 PTN 的质量分析制度，负责定期汇总、分析拳王 PTN 运行质量性能指标，监督并引导各地市质量分析工作。

地市公司按照省公司要求，负责定期汇总、分析本地市 PTN 运行质量性能指标，并上报省公司。

目前 TD 及数据业务性能指标要求见表 4-6。运营商按照该表格要求，对 PTN 网络质量以及维护质量进行考核。

表 4-6　　　　　　　　　　　　　　通道质量性能指标

对象	指标名称	详细描述	指标要求
E-Line 性能	以太网专线业务丢包率	丢包率是指单位时间内，源端 MEP 发送的数据包数减去宿端 MEP 接收的数据包数的差值与源端 MEP 发送的数据包数的比值	非拥塞情况下丢包率应为 0，在拥塞情况下高优先级业务丢包率不超过 10E-7
	以太网专线业务丢包个数	通过 OAM 的 PM 机制检测源端发送的数据包数减去宿端接收的数据包数的差值	24h 不超过 1000 个包
	以太网专线业务时延	MEP 源端发送请求报文的时间与 MEP 源端接收到应答报文的时间的差值	单设备时延不超过 150μs，端到端单向时延不超过 4ms
	以太网专线业务时延抖动	帧时延抖动是两次帧延时测试结果的差值	单设备时延抖动不超过 15μs，端到端单向时延抖动不超过 1ms
	以太网专线业务严重丢包秒	统计周期内，软件定时统计有丢包的秒数	若按 15min 周期监控，不应超过 50s；若按 24h 周期监控，不应超过 100s
	以太网专线业务连续严重丢包秒	统计周期内，软件统计单位时间内丢包率超过一定门限的秒数	若按 15min 周期监控，不应超过 20s；若按 24h 周期监控，不应超过 50s
	以太网专线业务不可用秒	软件统计严重连续丢包的时间长度（秒数）	24h 不高于 4s
Tunnel 性能	Tunnel 丢包率	丢包率是指 Tunnel 中，单位时间内，源端发送的数据包数减去宿端接收的数据包数的差值与源端发送的数据包数的比值	非拥塞情况下丢包率应为 0，在拥塞情况下高优先级业务丢包率不超过 10E-7（24h 内）
	Tunnel 业务丢包个数	通过 OAM 的 PM 机制检测源端发送的数据包数减去宿端接收的数据包数的差值	24h 不超过 100 个包
	Tunnel 时延	Tunnel 源端发送请求报文的时间与接收到应答报文的时间的差值	单设备时延不超过 150μs，端到端单向时延不超过 4ms
	Tunnel 时延抖动	帧时延抖动是两次帧延时测试结果的差值	单设备时延抖动不超过 15μs，端到端单向时延抖动不超过 1ms
	MPLS 业务丢包秒	统计周期内，软件定时统计有丢包的秒数	若按 15min 周期监控，不应超过 50s；若按 24h 周期监控，不应超过 100s
	MPLS 业务严重丢包秒	统计周期内，软件统计单位时间内丢包率超过一定门限的秒数	若按 15min 周期监控，不应超过 20s；若按 24h 周期监控，不应超过 50s
	MPLS 业务连续严重丢包秒	软件统计严重连续丢包的时间长度（秒数）	24h 不高于 4s
	MPLS 业务不可用秒	统计周期内业务不可用时间长度，以秒为统计单位	若按 15min 周期监控，不应超过 20s；若按 24h 周期监控，不应超过 50s
PE 性能	PW 可用性	统计指定业务的可用性（总包数-丢包数）/总包数	不低于 99%，低等级交互业务可放宽至 90%

业务特征及其性能指标要求如表 4-7 所示。

表 4-7   业务特征及其性能指标要求

VLAN 优先级	PHB 服务级别	业务类型	业务特征	时延	抖动	丢包率
7	CS7	—	—	—	—	—
6	CS6	—	—	—	—	—
5	EF	信令业务	高优先级关键业务	拥塞时 ≤ 4ms（单向时延）	≤1ms	≤1E–7
5	EF	CS 域实时语音业务	实时的，抖动敏感的、高交互性业务，所需带宽固定，用户需求苛刻，需要满足运营级要求	≤500ms（单向时延）	≤10ms	≤0.1%
4	AF4	PS 域会话类 IP 业务，如 IP 电话等	实时的，抖动敏感的、高交互性业务，收费较低，用户相对容忍度较高	≤400ms（单向时延）	≤60ms	≤5%
3	AF3	PS 域 IP 流业务，如视频点播、手机电视、交通监控等	实时的，抖动敏感的、高交互性业务	≤200ms	≤50ms	≤0.1%
2	AF2	网页浏览	实时性、非高交互式业务	≤100ms	—	≤0.1%
2	AF2	网络游戏	一般交互式业务，主要关注时延、丢包	≤1s	—	≤10%
1	AF1	—	—	—	—	—
0	BE	PS 域 IP 背景业务，例如邮件收发	主要关注时延、丢包	≤1s	—	≤10%

习题

1．PTN 的故障如何分类?维护分为哪些类型？

2．PTN 网络故障处理的基本原则是什么？

3．常用的故障定位方法有哪些？

4．简述故障处理的基本流程。

5．简述业务故障应急处理流程。

6．进行操作维护的环回有几种？其有什么区别？

7．在操作维护时怎样通过保护倒换来恢复业务？

8．PTN 与业务网之间的职责如何划分？

9．试进行"MC-A13 更换接口板后 HARD_BAD 告警未清除的"案例分析。

缩　略　词

AIS	Alarm Indication Signal	告警指示信号
APS	Automatic Protection Switch	自动保护倒换
ATM	Asynchronous Transfer Mode	异步传输模式
BC	Boundary Clock	边界时钟
BRAS	Broadband Remote Access Server	宽带远程接入服务器
BSC	Base Station Controller	基站控制器
CAC	Connect Accept Control	连接接纳控制
CAPEX	Captial Expense	初期拥有（建设）成本
CAR	Committed Access Rate	承诺接入速率
CC	Continuity and Connectivity Check	连续性和连通性检测功能
CE	Customer Equipment	用户设备
CES	Circuit Emulation Services	电路仿真业务
CESoPSN	Structure-aware TDM Circuit Emulation Services over Packet	结构化电路仿真业务在分组网承载
CoS	Class of Service	业务分类
CPE	Customer Premises Equipment	客户端设备
CQ	Customer Queuing	定制队列
CSF	Client Signal Fail	客户信号丢失
DiffServ	Differentiated Services	差异服务
DLCI	Data Link Connection Identifier	数据链路连接标识
DM	Delay Variation Measurement	时延变化测量功能
E2E	End to End	端到端
ES	Error Second	误码秒
FCS	Frame Checking Sequences	帧校验序列
FDD	Frequency Division Duplexing	频分双工
FE	Fast Ethernet	快速以太网
FR	Frame Relay	帧中继
FEC	Forwarding Equivalence Class	转发等价类
FEC	Forward Error Correction	前向纠错
GE	Gigabit Ethernet	千兆或吉比特以太网
GFP	Generic Framing Procedure	通用成帧协议
GMPLS	Generalized Multi-Protocol Label Switch	通用多协议标记交换
GPS	Global Position System	全球定位系统
GSM	Global System of Mobile Communication	全球移动通信系统
HEC	Header Error Check	头校验
IMA	Inverse Multiplexing ATM	ATM 反向复用技术
Int-Serv	Inter-Service	集成服务
IP	Internet Protocol	网间互联协议
LB	Loopback	环回功能
LCAS	Link Capacity Adjustment Scheme	链路容量调整机制
LAG	Link Aggregation Group	链路聚合组
LDP	Label Distribution Protocol	标签分发协议
LER	Label Switching Edge Router	边缘标签交换路由器
LM	Frame Loss Measurement	帧丢失测量功能

LMSP	Linear Multiplex Section Protection	线性复用段保护
LSP	Label Switching Path	标签交换路径
LSR	Label Switching Router	标签交换路由器
LTE	Long Term Evolution	长期演进技术
MEP	MEG End Point	MEG 端点
MIP	MEG Intermediate Point	MEG 中间节点
MPLS	Multi-Protocol Label Switching	多协议标签交换
MPLS-TE	MPLS Traffic Engineering	MPLS 流量工程
MPLS-TP	Multi-Protocol Label Switch -Transport Profile	多协议标签交换-传送框架
MSP	Multiplex Section Protection	线性复用段保护
MSTP	Multi-Service Transport Platform	多业务传送平台
NSF	None Stop Forwarding	不中断转发
NTP	Network Time Protocol	网络时钟协议
OAM	Operation，Administration&Maintenance	操作、管理和维护
OC	Ordinary Clock	普通时钟
OCC	Optical Channel Carrier	光通路载波
Och	Optical Channel	光通路
ODU	Optical Channel Data Unit	光通路数据单元
ODUk	Optical Channel Data Unit-k	k 阶光通路数据单元
OMS	Optical Multiplex Section	光复用段
OMU	Optical Multiplex Unit	光复用单元
OPEX	Operational Expenses	运营成本
OPU	Optical Channel Payload Unit	光通路净荷单元
OPUk	Optical Channel Payload Unit-k	k 阶光通路净荷单元
OSC	Optical Surveillance Channel	光监控信道
OTS	Optical Transmission Section	光传输段
OTU	Optical Channel Transport Unit	光通路传输单元
OTUk	Optical Channel Transport Unit-k	k 阶光通路传输单元
OTN	Optical Transport Network	光传送网
P2P	Peer to Peer	对等
PBT	Provider Backbone Transport	运营商骨干传送
PE	Provider Edge	运营商网络边界
PL	Packet Loss	帧丢失
PLR	Packet Loss Ratio	帧丢失率
PPP	Point to Point Protocol	点对点协议
PQ	Priority Queuing	优先级队列
PTN	Packet Transport Network	分组传送网
PTP	Precision Time Protocol	精确时间协议
QoE	Quality of Experience	用户体验
QoS	Quality of Service	业务质量
RDI	Remote Defect Indication	远端故障指示功能
RNC	Radio Network Controller	无线网络控制器
ROADM	Reconfigurable Optical Add-Drop Multiplexer	可配置光分插复用器
RSVP	Resource Reservation Protocol	资源预留协议
SES	Serious Error Second	严重误码秒
SLA	Service Level Agreement	服务等级协议
SNC	Subnetwork Connection	子网连接
SR	Service Router	全业务路由器
SSM	Synchronization Status Message	同步状态信息
TC	Transparent Clock	透明时钟
TDM	Time Division Multiplexing	时分复用
TCA	Traffic Conditioning Agreement	流量调整协定

TCM	Tandem Connection Monitor	串联连接监控
TCO	Total Cost of Ownership	总使用成本
TE	Traffic Engineering	流量工程
T-MPLS	Transport MPLS	传送多协议标记交换
VC	Virtual Concatenation	虚级联
VCG	Virtual Concatenation Group	虚级联组
VLAN	Virtual Local Area Network	虚拟局域网
VPN	Virtual Private Network	虚拟专用网
VoD	Video on Demand	视频点播
VoIP	Voice over Internet Protocol	用互联网承载语音业务
WFQ	Weighted Fair Queuing	加权公平队列
WRED	Weighted Radom Early Detected	加权随机早期检测
UAS	Unavailable Seconds	不可用秒

参 考 文 献

[1] 黄晓庆．PTN——IP 化分组传送．北京：人民邮电出版社，2009 年.

[2] 龚倩，邓春胜，王强，徐荣．PTN 规划建设与运维实战．北京：人民邮电出版社，2010.

[3] 武文彦．智能光技网络技术及应用．北京：电子工业出版社，2011.

[4] 纪越峰等．自动交换光网络原理与应用．北京：人民邮电出版社，2005.

[5] 王健全等．城域 MSTP 技术．北京：机械工业出版社，2002.

[6] 徐荣．城域网及 MSTP 的应用定位．通信技术与标准，2004，23.

[7] 王晓义．基于 PTN 的城域传输网建设策略探讨．电信技术，2009，8.

[8] 胡卫，张届新，马钰璐．PTN 在 3G 传送网中的应用研．电子应用，2009，9.

[9] 任磊，李允博．PTN 在城域传送网中的引入策略．通信世界周刊，2009，9.